헤르트비히가 들려주는 성과 사랑 이야기

헤르트비히가 들려주는 성과 사랑 이야기

ⓒ 이흥우, 2011

초판 1쇄 발행일 | 2011년 11월 30일
초판 7쇄 발행일 | 2021년 1월 25일

지은이 | 이흥우
펴낸이 | 정은영
펴낸곳 | (주)자음과모음

출판등록 | 2001년 11월 28일 제2001-000259호
주　　소 | 04047 서울시 마포구 양화로6길 49
전　　화 | 편집부 (02)324-2347, 경영지원부 (02)325-6047
팩　　스 | 편집부 (02)324-2348, 경영지원부 (02)2648-1311
e-mail　 | jamoteen@jamobook.com

ISBN 978-89-544-2229-7 (44400)

헤르트비히가 들려주는

성과 사랑
이야기

| 이흥우 지음 |

㈜자음과모음

아름다운 사랑을 꿈꾸는 청소년을 위한
'성과 사랑' 이야기

이 책을 읽고 있는 여러분을 포함한 많은 청소년이 대중가요를 좋아하고 그 노래를 부르는 가수를 동경합니다. 여러분이 아이돌 가수의 노래를 좋아하고 열광하는 까닭은 무엇일까요? 그것은 아이돌 가수가 자신이 사랑할 만한 나이일 뿐만 아니라 그들이 남녀 간의 사랑을 노래하기 때문이지요. 물론 예쁘고 잘생긴 외모도 뺄 수 없지요.

남녀 간의 사랑을 주제로 하는 것은 가요만이 아닙니다. TV 드라마나 영화, 뮤직비디오 등에서도 남녀 간의 사랑을 그리고 있습니다. 이처럼 대부분의 대중 매체에서 남녀 간의 사랑을 주제로 이야기를 만드는 이유는 무엇일까요? 그것은 누구나 이성과 사랑하고 싶은 감정이 있고, 그 감정이 매우 강하기 때문이랍니다.

　사람들이 이성 간의 사랑에 관심이 많은 이유는 자손을 남기려는 생물학적인 본능을 가지고 있기 때문이랍니다. 번식에 대한 본능이 우리의 감정에 큰 영향을 주지요. 이러한 본능이 우리의 가슴속에 이성에 대한 사랑의 감정을 불러일으키는 것입니다. 그러므로 여러분이 이성 친구에 관심을 갖는 것은 당연한 일입니다. 또한 이성 친구의 몸에 호기심을 갖는 것도 생물학적으로 아주 자연스러운 현상이지요. 이성에 대한 관심이 있기에 어른이 되어 사랑하는 사람을 만나 연애도 하고 결혼도 하는 것이랍니다. 다만 여러분은 아직 몸과 마음이 완전히 성숙하지 않았고, 미래를 준비해야 하는 중요한 시기를 보내고 있기 때문에, 이성과의 지나친 접촉은 지양해야 합니다.

　이 책은 여러분이 성에 대해 올바른 이해와 밝은 태도를 가졌으면 하는 바람에서 기획되고 집필되었답니다. 아무쪼록 이 책이 여러분이 남녀의 성기, 생식 주기, 성관계, 임신 등 성과 관련된 모든 것들에 대해 올바른 생물학적 지식을 가지는 데 도움이 되고, 앞으로 사랑하고 결혼하는 삶의 과정에도 좋은 지침서가 되었으면 합니다.

이 홍 우

차례

1

여성과 남성

왜 여성과 남성이 있는 것일까요?
어떻게 여성이 되고 남성이 되는 것일까요?

1

첫 번째 수업
여성과 남성

헤르트비히가 웃는 얼굴로 자신을 소개하며 첫 번째 수업을 시작했다.

여러분, 안녕하세요? 이렇게 만나게 돼서 정말 반가워요. 여러분의 초롱초롱한 눈망울을 보니 수업에 대한 열정이 불타오르는 것 같네요, 하하하.

아, 내가 누구냐고요? 그렇지 않아도 지금 막 내 소개를 하려던 참이었습니다. 내 이름은 헤르트비히(Oskar Hertwig, 1849~1922)랍니다. 독일에서 태어났어요. 나는 예나·취리히·본 대학교에서 의학과 동물학을 공부한 뒤, 1881년 예나 대학교에서 교수가 되었지요. 그 뒤 베를린 대학교로 옮겨 생물학을 가르쳤습니다. 나는 정자와 난자가 수정할 때 정자

의 핵과 난자의 핵이 융합하는 것이 수정에서 가장 중요한 일임을 밝혀냈답니다. 그때까지만 해도 정자와 난자의 수정 이후에 무슨 일이 일어나는지 잘 몰랐지요. 그래서 나의 발견은 생물학사에도 중요하게 기록되어 있답니다.

나는 여러분과 함께 앞으로 일곱 번에 걸쳐 성과 사랑에 대해 이야기하려고 합니다. 사람은 왜 여성과 남성으로 존재하는지, 여성과 남성은 왜 서로 사랑하게 되는지, 어떤 원리에 의해 정자와 난자가 생기고 수정을 하는지, 또 아기는 엄마 뱃속에서 어떻게 자라고 어떻게 태어나는지…… 여러분에게 들려줄 이야기가 너무 많답니다. 여러분도 궁금한 게 많을 거예요. 우리 친구들도 앞으로 자라면서 엄마, 아빠처럼 서로 사랑하고, 결혼하고, 자녀를 낳게 되겠지요? 그러기 위해서는 성과 사랑에 대해 올바른 이해가 필요합니다. 자, 나와 함께 '성과 사랑'의 세계로 여행을 떠나도록 해요.

자손을 남기는 생물

여러분, 아기가 태어났을 때 간호사가 분만실의 문을 열고 가장 처음 하는 말이 무엇일까요?

___ 아들인지 딸인지 알려 줍니다.

___ 저희 이모가 아기를 낳았을 때 간호사 언니가 "예쁜 공주님입니다."라고 말해 주었어요.

네, 아기가 탄생하면 간호사는 가장 먼저 아기의 성별을 알려 주지요. 사람은 누구나 여성 혹은 남성으로 태어납니다. 과학 이야기를 듣는 우리 친구들도 여성 아니면 남성이지요. 왜 사람에게는 여성과 남성이라는 두 가지 성이 있는 걸까요? 우리는 어떻게 여성, 남성이 결정되는 걸까요? 내가 차근차근 설명할 테니 잘 들어 보세요.

여러분, 모든 생물은 언젠가는 죽는답니다. 살아 있다는 것은 언젠가는 죽는다는 것을 의미하지요. 이것은 누구도 바꿀 수 없는 자연의 법칙이랍니다. 어떤 아이가 반 친구들에게 "얘들아, 우리 100년 후에 이 교실에서 반창회를 하자."라고 한다면 친구들이 좀 어리둥절해 할 거예요. 100년 후? 내가 그때까지 살까? 아마도 가장 오래 사는 친구 한둘쯤은 올 수도 있겠지요. 하지만 그때까지 살아 있다 해도 너무 늙어서 학교까지 올 힘이 없을 것 같네요.

생물은 태어난 후부터 늙어 가다 언젠가는 죽기 때문에 이 세상에 자손을 남기고 싶어 한답니다. 만일 생물이 죽지 않는다면 아마도 자손을 남기려 하지 않을 거예요. 그러나 생물은 본능적으로 자신이 언젠가는 죽는다는 것을 알고 있답니다. 그래서 자기와 닮은 자손을 남겨 놓고 떠나는 것이지요. 이렇게 자손을 남김으로써 자기의 종족 또한 보존이 되는 것입니다.

생물이 자손을 남기는 방법에는 두 가지가 있답니다. 하나는 암수 구별이 없는 생물의 번식 방법이고, 또 하나는 암수 구별이 있는 생물의 번식 방법이지요. 우리 주변에 암수 구별이 없는 생물에는 무엇이 있을까요?

__ 아메바는 암수의 구별이 없다고 들었어요.

정말 똑똑하네요. 생물에 관심이 많은 친구인가 봐요. 아메바 외에도 짚신벌레, 돌말, 유글레나, 효모, 히드라 등은 암수 구별이 없는 생물이랍니다. 그런데 같은 암수 구별이 없는 생물이라도 생식 방법은 각기 조금씩 차이가 있답니다.

방금 전 학생이 말한 아메바를 포함해서 대장균, 짚신벌레, 돌말 등은 몸이 둘로 갈라지면서 생식을 합니다. 세포 하나에서 딸세포 두 개가 생기는 것이지요. 이러한 생물은 분열이 곧 번식이랍니다. 그래서 번식 속도가 암수 구별이 있는 생물에 비해 아주 빠르지요. 몸이 두 개로 갈라져서 번식하는 방법을 이분법이라고 합니다.

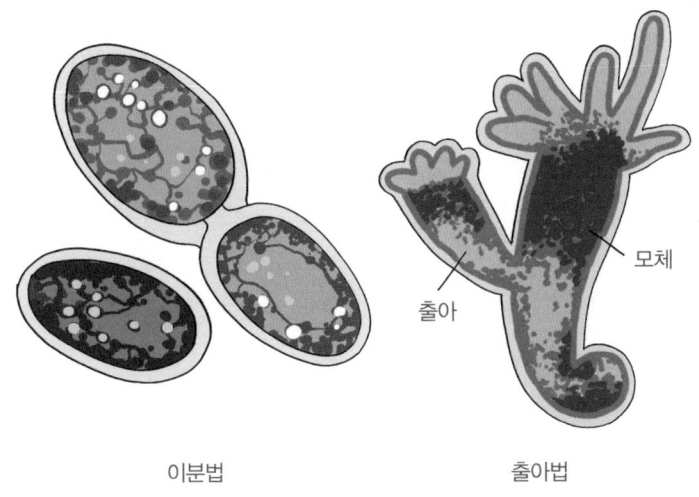

이분법   출아   모체   출아법

무성 생식

효모, 히드라, 말미잘 등은 몸의 일부가 자라서 떨어져 나와 자손이 됩니다. 이러한 번식 방법을 출아법이라고 합니다.

이렇게 암수 구별 없이 분열하거나 몸의 일부가 자라서 자손이 되는 방법을 무성 생식이라고 합니다. 생식이란 자손을 얻는 과정을 뜻한답니다. 번식과 비슷한 말이지요.

암수가 있는 생물은 각자 생식 세포, 즉 배우자를 만나 번식합니다. 나의 생식 세포와 배우자의 생식 세포가 결합하여 새로운 개체를 만드는 것이지요. 이러한 생식 방법을 유성 생식이라고 합니다.

유성 생식은 무성 생식에 비해 단점이 많습니다. 우선 생식 세포를 만들어야 해요. 예를 들어 동물의 수컷은 정자를 만들어야 하고, 암컷은 난자를 만들어야 합니다. 그런데 생식 세포를 만들기 위해서는 많은 영양소와 에너지가 필요하답니다. 즉, 경비가 많이 드는 생식 방법이라 할 수 있지요. 또 어떤 단점이 있을까요?

__ 혼자서는 안 된다는 게 단점인 것 같아요. 아메바는 혼자서도 번식하는데…….

그래요, 반드시 짝을 만나야 하지요. 결혼을 자기 혼자 할 수는 없잖아요? 혼자 정자나 난자를 만들었다고 해서 자손을 얻을 수 있는 게 아니니까요. 그리고 자손을 얻기까지 시간도 오래 걸린답니다. 아메바는 순식간에 둘에서 넷, 넷에서 여덟, 여덟에서 열여섯 개의 딸세포를 만들 수 있지만, 사람은 한 명 혹은 두세 명의 아기를 얻는 데 무려 열 달이라는 긴 시간을 기다려야 하지요.

이렇게 유성 생식은 무성 생식에 비해 복잡하고, 시간적·에너지적 비용이 많이 든답니다. 그럼에도 불구하고 사람을 비롯한 수많은 고등 생물은 유성 생식을 합니다. 왜 그럴까요? 그 이유는 다양한 자손을 얻을 수 있기 때문이지요. 무성 생식의 경우 몸이 갈라지거나 자라서 일부가 떨어져 나오는 방식으로 자손을 얻기 때문에 엄마와 새끼가 똑같습니다. 따라서 세대를 거듭해도 발전이 없지요. 반면 유성 생식의 경우 절반은 엄마, 절반은 아빠를 닮은 새롭고도 다양한 자손이 나올 수 있어요. 그래서 계속해서 발전할 수 있는 것이지요.

과학자의 비밀노트

단성 생식

유성 생식을 하는 생물의 난자가 정자와의 수정을 거치지 않고 홀로 부화해 하나의 개체로 되는 경우를 말한다. 예를 들어 꿀벌의 암컷은 정자와 난자의 수정에 의해 생겨나지만, 수컷은 수정 없이 난자가 단독으로 부화해 생겨난다. 이를 처녀 생식이라고도 한다.

유성 생식을 하는 사람

이제 왜 사람에게 여성과 남성이 있는지 알겠지요? 한마디로 정리하면, 사람은 유성 생식으로 자손을 얻기 때문이랍니다. 즉, 여성은 남성에게 정자의 배우자인 난자를 만들어 제공하고, 남성은 여성에게 난자의 배우자인 정자를 만들어 제공하는 것입니다. 그러면 두 배우자가 결합하여 자손을 만들어 내지요. 사람이 대장균이나 짚신벌레처럼 몸이 둘로 갈라져서 자식을 얻을 수 있었다면 굳이 여성과 남성으로 구분될 필요가 없었겠지요?

그래서 여성과 남성은 서로에게 없어서는 안 될 존재랍니다. 만일 남성이든 여성이든 한쪽 성이 모두 없어진다면 어떻게 될까요?

__ 사람이 아기를 낳지 못할 테니까 인류가 멸망하고 말겠

정자

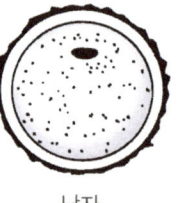

난자

사람의 유성 생식

군요.

네. 아마 100년 안에 인류가 거의 사라질 것입니다. 이렇듯 여성과 남성은 지구 상에서 인간이 사라지지 않고 살아가게 하는 막중한 책임을 가지고 있답니다. 그러고 보니 여성과 남성은 서로에게 소중한 상대라는 생각이 드네요. 여러분도 여성과 남성 서로를 아껴 주고 보호해야 할 의무가 있다는 것을 잊으면 안 됩니다.

__ 네, 선생님!

생각해 보니 내가 걱정할 문제가 아닌 것 같군요. 여러분은 누가 시키지 않아도 다들 이성에게 관심이 많을 테니 말이에요. 청소년기에 이성에게 관심을 갖는 것은 너무나 당연한 현상이랍니다. 이성에 대한 관심이 전혀 없다면 결혼하려고 하지도 않겠지요. 그럼 앞에서 말했다시피 인류는 멸망하고 말 거예요.

하지만 다행히도 생물은 본능적으로 이성에게 관심을 갖지요. 우리 친구들도 그럴 거예요. 겉으로 표현하지는 못해도 마음속으로는 좋아하는 이성 친구가 다 있지요? 그 친구 앞에 가면 괜히 얼굴이 붉어지고 가슴이 두근거리고요. 이성 연예인에 대한 관심도 각별하지요. 이성 연예인이 공연하는 것을 보면 심장이 뛰고 기분이 좋아져서 나도 모르게 소리를

지르곤 하잖아요.

이성에 대한 관심은 생물학적으로 매우 중요한 것이랍니다. 자손을 이어 가게 하는 원동력이 되니까요. 이성에 대한 관심은 결국 사랑이라는 특별한 감정으로 나타나게 됩니다. 이성에 대한 사랑의 바탕에는 자신의 자손을 남기려는 생물의 본능이 깔려 있답니다.

밝혀진 지 얼마 안 된 아기 탄생의 비밀

여러분도 아기가 태어나려면 정자와 난자가 만나야 한다는 것쯤은 알고 있을 것입니다. 하지만 아기 탄생의 과정을 자세히 알게 된 것은 19세기 중반, 그러니까 1800년대 중반에 이르러서랍니다. 불과 150여 년 전이지요. 맨눈으로는 정자와 난자를 볼 수 없기 때문에 현미경이 발명되기 전까지는 아기가 어떻게 임신이 되고 자라는지 알지 못했답니다.

옛날 사람들은 여성이 강물에서 헤엄치면 아기 씨앗이 몸에 들어가 아기가 생긴다고도 했고, 어떤 사람들은 여성이 특정한 과일을 먹으면 아기가 생긴다고 믿기도 했답니다.

17세기에 혈액이 순환하는 것을 발견한 유명한 의사 하비

(William Harvey, 1578~1657)조차도 알에서 병아리가 깨나듯이 여성이 만드는 알(난자)에서 아기가 생겨난다고 생각했답니다. 물론 하비가 여성이 만드는 난자를 본 것이 아니고 새의 알을 보고 추측한 것이지요. 이처럼 17세기 과학자들은 대부분 하비와 같이 난자에서만 아기가 만들어진다고 생각했어요. 그때까지만 해도 아기 탄생에서 남자의 역할에 대해 잘 몰랐던 것이지요.

그러다가 놀라운 발명 덕분에 정자를 눈으로 볼 수 있게 되었답니다. 어떤 발명일까요?

__ 현미경이오!

맞습니다. 현미경이라는 놀라운 장치가 발명된 후에 드디어 정자가 발견된 것입니다. 한 의과 대학생이 호기심에 남자 환자의 정액을 현미경으로 관찰하다가 꼬물꼬물 움직이는 수많은 벌레를 보았답니다. 그 학생은 그게 무엇인지 궁금하여 당시 유명한 생물학자였던 레이우엔훅(Anton van Leeuwenhoek, 1632~1723)을 찾아갔습니다. 당시 레이우엔훅은 현미경을 이용해 많은 것을 발견해 낸 과학자로 유명했습니다. 레이우엔훅은 다른 남성과 동물의 정액을 관찰한 뒤 그 벌레, 즉 정자가 아기가 태어나는 데 중요한 역할을 한다고 주장했지요.

이 벌레들이 아기가 태어나는 데 아주 중요한 역할을 하지요.

← 레이우엔훅

　1770년경 스팔란차니(Lazzaro Spallanzani, 1729~1799)
는 이와 관련된 재미있는 실험을 했어요. 두꺼비의 수컷에
팬티를 입힌 것이지요. 왜 수컷 두꺼비에게 팬티를 입혔냐고
요? 정액이 난자에 뿌려지는 것을 막기 위해서였지요. 두꺼
비는 몸 안이 아닌 몸 밖에서 수정을 하는 동물로 암컷이 미
리 낳은 알에 정자를 뿌려서 새끼를 만들거든요. 사람과는
조금 다르지요. 그런데 정말 재미있게도 수컷에게 팬티를 입
혀 정액이 알에 닿는 것을 막았더니 새끼가 생기지 않았답니
다. 그리고 팬티에 모인 정액을 알에 뿌리면 새끼가 부화되
는 것을 알게 되었지요.
　이렇게 우연히 정자가 발견되고 나서 몇 년이 지난 뒤에 사

람의 난자도 발견되었지요. 그러나 이때까지도 정자와 난자 사이에 무슨 일이 일어나는지는 잘 몰랐습니다.

1875년에 나는 성게알을 이용한 실험을 했습니다. 나는 성게의 난자와 정자가 바닷물 속에서 어떻게 만나는지 관찰했습니다. 그러다가 정자 하나가 꼬리는 밖에 남겨 두고 몸만 성게알로 들어가는 것을 발견했습니다. 성게알은 투명하기 때문에 정자가 들어간 다음 일어나는 일을 관찰할 수 있었지요. 놀랍게도 정자의 핵과 난자의 핵이 합쳐지는 것을 보았답니다. 그리고 두 개의 핵이 합쳐진 다음 성게의 수정란이 분열하면서 자라는 것을 발견했지요.

정자와 난자가 만나서 하나로 결합하는 현상을 수정이라고

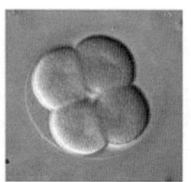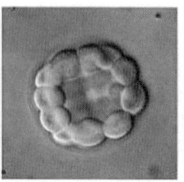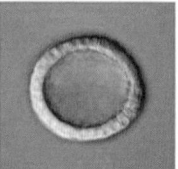

성게 수정란의 분열

하고, 이렇게 만들어진 최초의 세포를 수정란이라고 합니다.

나의 실험은 아기 탄생에 있어서 정자와 난자가 함께 아기를 만든다는 것을 발견한 아주 중요한 실험이었습니다.

여성 혹은 남성으로 태어나기

사람은 유성 생식을 하기 때문에 여성과 남성이라는 두 가지 성이 있다고 했습니다. 그리고 누구나 여성 혹은 남성 중한 가지 성을 가지고 태어난다고도 했지요. 그러나 '나는 여자가 되어야지.' 혹은 '남자가 되어야지.' 이렇게 마음먹고태어나는 아기는 없어요. 이건 뭐랄까, 운명이라고나 할까요. 누구나 여성 혹은 남성으로 정해진 상태로 태어나 삶을시작하게 되지요. 그렇다면 태어나기 전에 어떻게 여성과 남성이 결정되는 것일까요?

그 비밀은 성염색체에 있답니다. 정자와 난자에는 각각 23개의 염색체가 들어 있습니다. 원래 사람 세포가 갖는 염색체는 46개이지만 정자와 난자에는 절반인 23개만 들어 있지요. 그 이유가 뭘까요?

__ 정자의 염색체 23개와 난자의 염색체 23개가 합쳐져서 염색체가 46개인 사람의 세포가 되기 때문이 아닐까요?

오! 정말 대단해요. 학생의 말이 정답입니다. 염색체는 DNA로 이루어져 있어요. DNA란 말을 들어 보았지요? 누가 대답해 볼까요?

__ DNA에는 유전자가 들어 있어요.

그렇다면 유전자란 무엇인가요?

__ 엄마, 아빠로부터 물려받는 거예요.

맞아요. 엄마, 아빠로부터 뛰어난 두뇌를 물려받은 학생 같군요, 하하하. DNA로 되어 있는 염색체 중에는 남녀를 결정하는 염색체가 들어 있습니다. 그 염색체를 성염색체라고 하며, 성염색체에는 X, Y의 두 가지가 있지요. 다음 그림에서 보듯이 X 염색체가 Y 염색체보다 좀 큽니다.

그런데 난자가 가지고 있는 성염색체는 모두 X인 데 반해 정자가 갖고 있는 성염색체는 X, Y랍니다. 그러므로 난자의 X 염색체와 정자의 X 염색체가 결합하면 두 개의 X 염색체

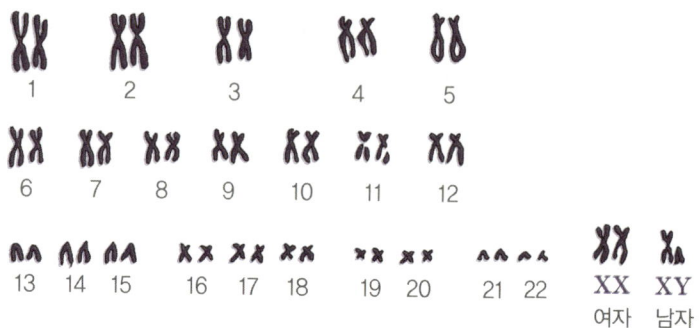

사람의 염색체

를 갖는 수정란(XX)이 생기고, 난자의 X 염색체와 정자의 Y
염색체가 결합하면 염색체 X와 Y를 동시에 갖는 수정란
(XY)이 생기는 것이지요.

그렇다면 이 두 가지 수정란으로부터 만들어지는 아기의
성은 각각 무엇일까요?

__ XX를 갖는 수정란은 나중에 딸이 되고, XY를 갖는 수
정란은 나중에 아들이 돼요.

그렇지요. 난자에 정자의 X 염색체가 수정되느냐 Y 염색
체가 수정되느냐에 따라 성이 결정되는 거랍니다. 이것은 아
주 사소한 일 같지만, 그 염색체 하나가 여성 혹은 남성으로
서 일생을 살게 하는 엄청난 결과를 가져오는 것이지요.

이렇게 태어난 여자 혹은 남자 아기도 훗날 어른이 되어 난

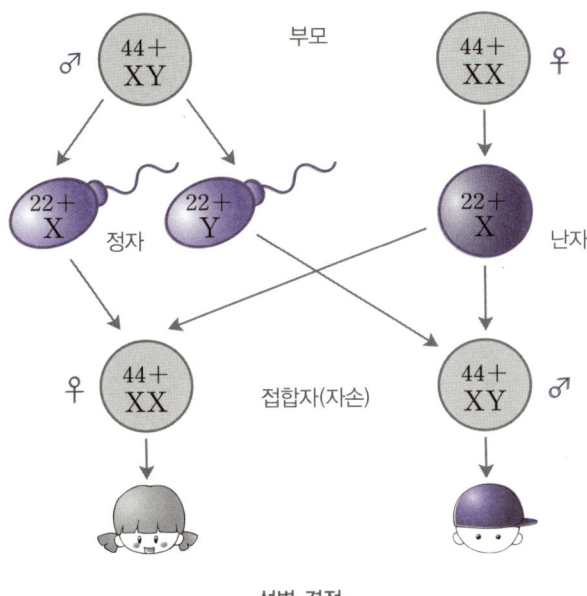

부모

♂ 44+
   XY

♀ 44+
   XX

22+
X

22+
Y

정자

22+
X

난자

♀ 44+
   XX

접합자(자손)

44+
XY ♂

성별 결정

자 혹은 정자를 만들어 자손을 남기게 됩니다.

수업을 시작하면서 이야기했지만, 아기가 태어났을 때 가장 먼저 보는 것이 바로 성별입니다. 무엇을 보고 여자아이인지 남자아이인지 알 수 있을까요?

__ 고…… 고추가 있는지 없는지를 보고 확인해요.

__ 하하하.

하하. 정답을 이야기했으니 부끄러워하지 마세요. 여성의 몸속에서 난자와 정자를 결합시켜야 하기 때문에 여성과 남

성은 각기 다른 생식 기관을 가지고 있답니다. 남성은 정자를 만드는 기관과 여성의 몸에 정자를 전달하는 기관을 가지고 있고, 여성은 난자를 만드는 기관과 정자를 받아들이는 기관 그리고 아기를 만들고 키우는 기관을 가지고 있지요.

다음 시간에는 이러한 생식 기관에 대해 자세히 공부할 거예요. 우리의 생식 기관도 손이나 발, 위, 허파처럼 우리 몸에 있는 하나의 기관이랍니다. 그러므로 생식 기관에 대해 알아볼 때 부끄러워하거나 이상하게 생각하지 말고 자연스럽게 대해야 한다는 것을 명심하세요. 그럼 다음 시간에 만나요.

선생님, 아기는 어떻게 생기나요? 부모님께 여쭤 보았더니 크면 알게 된다고만 하시고 말씀을 안 해 주세요.

아마 좀 부끄러우셔서 그랬을 겁니다. 내가 기본적인 내용부터 이야기해 줄게요.

생물은 본능적으로 자신의 종족을 남기고 싶어 합니다. 종족을 남기는 방법에는 암수의 구분이 없는 무성 생식과 암수의 구분이 있는 유성 생식이 있어요.

아메바

욱, 출산의 고통!

짜─잔!

무성 생식

유성 생식

유성 생식을 통해 다양한 자손을 얻을 수 있기 때문에 사람을 포함한 대부분의 고등 생물들은 모두 유성 생식을 해요.

아, 그래서 남성과 여성이 있는 거군요.

누나(영이) 철이 남동생(올이) 여동생(둥이)

레이우엔훅이라는 과학자는 현미경으로 남자와 수컷의 정액에서 정자를 발견하고 정자가 유성 생식에 중요한 역할을 한다고 생각했어요.

흠, 이 벌레들이 아기가 태어나는 데 중요한 역할을 하는군.

욱, 벌레라고?!

레이우엔훅

나는 성게알을 이용해 정자와 난자의 핵이 합쳐져 수정란을 만든다는 사실을 밝혀냈어요.

그랬군요! 그렇다면 수정란이 생길 때부터 남성과 여성이 정해진 건가요?

뭐? 날 이용해?

나는 분열해서 성게가 될 거다!

성게

수정란

네. 남성은 성염색체에 X와 Y가 있고 여성은 X만 있는데, 여성의 X 염색체가 남성의 X 염색체를 만나면 딸, Y 염색체를 만나면 아들이 태어난답니다.

그럼 전 XY 성염색체를 가지고 있는 거군요!

아빠

엄마

44 + XY

44 + XX

XY

22 + X

22 + Y

22 + X

44 + XX

44 + XY

사람의 생식기

남녀 생식기는 어떤 구조와 기능을 가지고 있을까요?

두 번째 수업

사람의 생식기

헤르트비히가 뭔가를 떠올리는 듯 눈을
지그시 감고 두 번째 수업을 시작했다.

여러분, 어제 TV 드라마를 보았나요? 요즘 최고의 인기를
누리던 드라마가 어제 마지막 방송을 했지요. 난 아쉬운 마
음에 끝까지 시청했답니다. 혹시 마지막 장면을 기억하나요?
남자 주인공이 여자 주인공에게 꽃다발과 반지를 주며 청혼
하고, 여자 주인공이 그 꽃다발과 반지를 받으면서 청혼을
받아들였지요. 바라던 대로 해피엔딩이어서 기분이 좋았답
니다.

여러분도 영화나 TV 드라마에서 남성이 여성에게 꽃다발
을 주며 사랑을 고백하는 장면을 많이 봤을 거예요. 또, 생일

이나 졸업식 때, 혹은 시합에서 이겼다고 축하의 꽃다발을 주기도 하지요.

그런데 여기서 흥미로운 사실이 하나 있어요. 바로 꽃이 식물의 생식 기관이라는 것이지요. 다른 생물의 생식 기관을 사랑이나 축하의 표시로 삼는 사람의 행동이 참 재미있다는 생각이 들지 않나요?

생식 기관

유성 생식을 하는 식물과 동물은 모두 생식 기관을 가지고 있어요. 유성 생식을 하는 식물에 대해서는 《슐라이덴이 들려주는 식물 이야기》 책에 자세히 나와 있으니 참고하기 바랍니다.

오늘은 유성 생식을 하는 동물에 대해서 자세히 알아보기로 해요. 동물의 유성 생식 방법으로 암컷의 몸 안에서 수정이 일어나는 체내 수정과 암컷의 몸 밖에서 수정이 일어나는 체외 수정이 있어요.

먼저 체외 수정을 하는 개구리를 생각해 보도록 해요. 수컷이 다음 그림처럼 암컷을 뒤에서 껴안으면 암컷이 알을 낳습

니다. 그러면 수컷이 알 위에 정자를 뿌리지요. 이렇게 물속 수정이 일어납니다.

많은 물고기가 개구리와 같이 체외 수정을 통해 번식한답니다. 체외 수정에는 두 가지 특징이 있어요. 첫째는 물이 많은 환경, 즉 물속이나 습기가 많은 곳에서 일어난다는 것입니다. 왜냐하면 건조한 환경에서는 정자나 난자가 살아남기 어렵기 때문입니다. 둘째는 알을 많이 낳는다는 것입니다. 이는 수정이 일어날 확률을 높이기 위해서지요. 물속에서는 수정이 되어 알이 부화하더라도 다른 물고기에게 잡아먹히기 쉽습니다. 실제로 대부분의 어린 물고기는 자라는 동안

다른 생물에게 잡아먹힙니다. 그래서 한 번에 셀 수 없이 많은 알을 낳고, 그중에서 살아남은 어린 물고기가 어른이 되어 다시 번식을 한답니다.

체내 수정은 수컷이 암컷의 몸 안에 정자를 넣어 수정이 일어나게 합니다. 그러면 암컷의 몸 안에서 새끼가 자라게 되지요. 그래서 체외 수정에 비해 알의 숫자가 적답니다. 또 외부의 침입을 차단함으로써 번식에 성공할 확률이 높아진답니다.

체외 수정을 하는 동물의 생식 기관은 난자나 정자를 만들어 배출하는 기관으로 이루어져 있습니다. 그에 비해 체내 수정을 하는 동물은 상당히 복잡한 생식 기관을 필요로 합니다. 사람도 체내 수정을 하는 동물로, 남성과 여성이 서로 다른 생식 기관을 가집니다. 자, 이제부터 사람의 생식 기관에 대해 자세히 알아봅시다.

남성의 생식 기관

남성의 생식 기관은 크게 정자를 만드는 기관과 이를 여성의 몸에 넣어 주는 기관으로 나눌 수 있답니다. 다음 그림을 보세요. 두 그림은 남성의 생식 기관을 옆에서 본 것과 앞에서 본 것을 나타낸 것입니다.

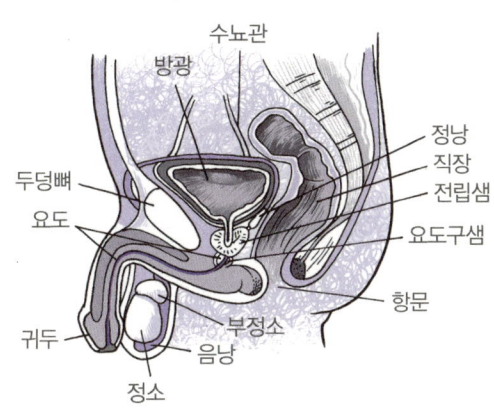

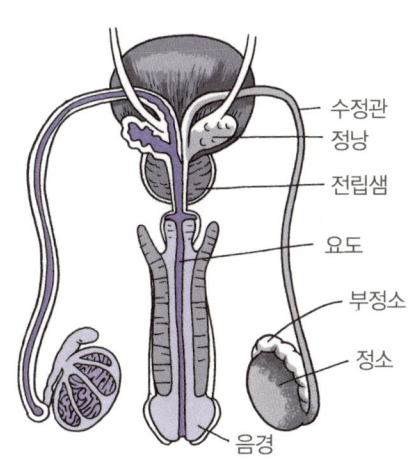

남성의 생식 기관

먼저 정자가 생기는 곳부터 살펴볼게요. 정자는 정소에서 생깁니다. 정소는 고환이라고도 해요. 자두보다 조금 작고, 양쪽 정소의 높이가 조금 다르게 매달려 있답니다. 정소는 아주 가느다란 관으로 가득 차 있어요. 관의 길이가 자그마치 200m가 넘지요. 학교 운동장의 한 바퀴와 거의 같은 길이랍니다. 이 길고 가느다란 관의 안쪽 벽에서 하루 동안 수백만 마리의 정자가 생긴답니다.

정소는 음낭이라는 주름진 주머니 안에 있고, 음낭은 몸에서 돌출되어 있지요. 음낭이 몸에서 돌출되어 있는 이유는, 정소의 온도가 체온보다 2°C가량 낮을 때 정자가 가장 활발하게 생길 수 있기 때문입니다. 음낭은 더울 때는 늘어져 있다가 추워지면 오그라듭니다. 그 이유는, 날씨가 더우면 몸에서 멀어지고 추우면 몸에 가까워져서 일정한 온도를 유지하려고 하기 때문입니다.

시골에 사는 친구들은 소의 음낭이 날씨에 따라 위치가 달라지는 모습을 보았을 거예요. 나도 어릴 적에 시골에 놀러가서 많이 보았답니다. 사람뿐만 아니라 대부분의 포유류는 정소가 몸 밖에 있어요.

정소의 뒤편에는 부정소가 있습니다. 부정소는 좀 더 굵은 관이 돌돌 뭉쳐 있습니다. 관의 길이는 6m쯤 되지요. 정소에서 만들어진 정자는 맨 먼저 부정소로 보내집니다. 처음에 정소에서 만들어진 정자는 수영을 잘 못하는 어린 정자인데, 부정소에 가서 수영 훈련을 받습니다. 그래서 부정소는 정자에게 수영을 가르치는 수영장이라고도 한답니다. 정자는 부정소에서 운동 능력을 갖추고 밖으로 나갈 준비를 합니다.

수정관은 부정소에서 정자가 나가는 길입니다. 수정관의 끝 부분은 요도와 연결되어 있습니다. 부정소에 이어진 수정관을 따라 가다 보면 정낭, 전립샘, 요도구샘 등의 분비샘이 연결되어 있는 것을 볼 수 있습니다. 이들 분비샘에서는 정액을 만듭니다. 즉, 정자가 분비샘에서 나오는 액체와 함께 여성의 몸에 전달되는 것이지요. 정낭에서는 정액의 대부분을 차지하는 액체가 만들어집니다. 정낭에서 분비되는 액체는 정자를 헤엄칠 수 있게 할 뿐만 아니라 많은 영양소도 포함하고 있답니다.

정낭 다음에 전립샘이라는 주머니가 있습니다. 이 주머니에서는 알칼리성 액체를 분비하여, 여성의 질에서 분비되는 산성 물질을 중화하여 정자를 보호하는 기능을 합니다. 정자는 산성보다는 약한 알칼리성에서 더 활발하게 운동할 수 있습니다. 마지막으로 요도구샘에서 약간 끈적끈적한 물질을 분비하여 오줌이 씻겨 나가게 한답니다.

수정관의 끝은 요도와 만나게 되는데, 요도는 오줌이 나가는 길이기도 하고 정액이 나가는 길이기도 합니다. 그러므로 요도는 두 가지 일을 하는 셈이지요.

__ 선생님, 정액이 나올 때 오줌이 함께 나오면 어떡해요?

하하하, 그런 질문을 하리라 예상했습니다. 다행스럽게도 그런 일은 일어나지 않는답니다. 정액이 나갈 때는 방광에서 요도와 연결된 문이 닫히고, 오줌이 나갈 때는 수정관에서 요도와 연결된 문이 닫히기 때문이지요.

이제 마지막으로 음경에 대해 이야기할게요. 음경은 여성의 몸에 정자를 전달하는 기관입니다. 음경은 귀두라는 머리 부분과 기둥 모양의 몸통으로 이루어져 있지요. 귀두라는 말은 거북이의 머리와 닮았다고 해서 붙여진 이름이랍니다. 한자로 거북이를 귀(龜)라고 하거든요. 거기에 머리 두(頭) 자를 합하여 귀두라고 하는 것이지요.

음경은 평소에는 작고 아래를 향해 있는 부드러운 조직이지만, 성적으로 흥분되면 신기하게도 단단해지고 굵기와 길이가 커지며 방향은 위를 향하게 됩니다. 이러한 상태를 발기라고 하지요. 발기란 음경을 단단하게 하여 여성의 몸에 정자를 삽입할 준비를 하는 것이지요.

여러분은 아마도 포경 수술이라는 말을 들어 보았을 거예

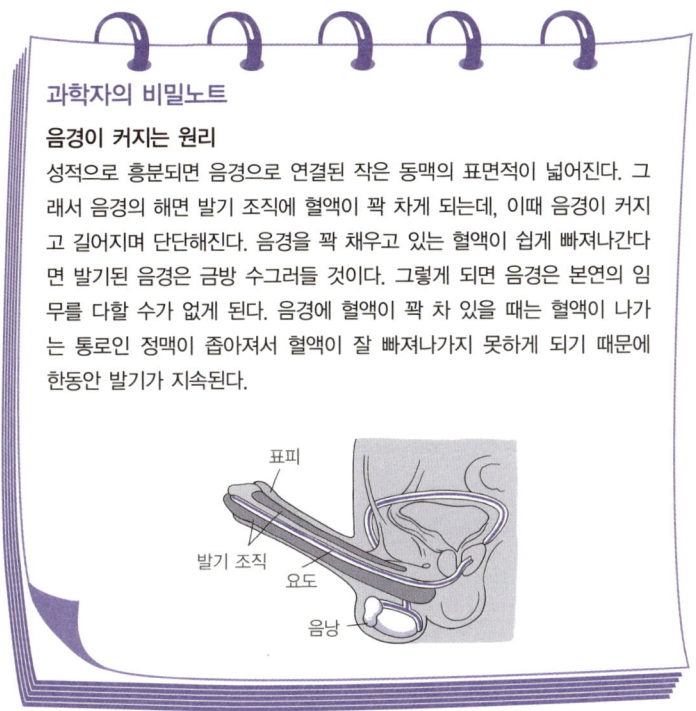

과학자의 비밀노트

음경이 커지는 원리

성적으로 흥분되면 음경으로 연결된 작은 동맥의 표면적이 넓어진다. 그래서 음경의 해면 발기 조직에 혈액이 꽉 차게 되는데, 이때 음경이 커지고 길어지며 단단해진다. 음경을 꽉 채우고 있는 혈액이 쉽게 빠져나간다면 발기된 음경은 금방 수그러들 것이다. 그렇게 되면 음경은 본연의 임무를 다할 수가 없게 된다. 음경에 혈액이 꽉 차 있을 때는 혈액이 나가는 통로인 정맥이 좁아져서 혈액이 잘 빠져나가지 못하게 되기 때문에 한동안 발기가 지속된다.

표피

발기 조직

요도

음낭

요. 포경 수술이란 귀두가 피부로 덮여 있을 때 그 피부를 잘라 내는 것을 말합니다. 귀두가 피부로 덮여 있으면 그 안에 지저분한 물질이 쌓여 냄새가 나거나 세균이 자랄 수 있어 위생에 좋지 않답니다. 심하면 염증이 생기기도 하지요. 그래서 귀두에 피부가 많이 덮여 있을 경우 포경 수술을 하는 것이 좋지요. 귀두가 피부로 덮여 있으면 발기나 발육에도 지장을 주기 때문에 포경 수술을 하는 것이 좋답니다. 유대인

의 경우 종교적인 이유로 반드시 포경 수술을 하는데, 이를 할례라고 합니다.

여성의 생식 기관

여성의 생식 기관은 남성의 생식 기관에 비해 조금 복잡합니다. 여성의 생식 기관은 난자를 만드는 기관뿐만 아니라 정자를 받아들이는 기관, 아기를 키우고 내보내는 기관 등이 필요하기 때문이랍니다.

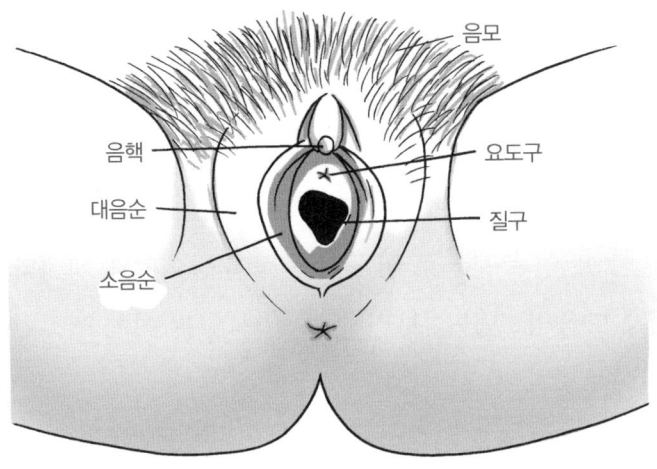

음모

음핵

요도구

대음순

질구

소음순

여성 생식기의 겉모습

먼저 위의 그림을 보면서 여성 생식기의 겉모습부터 알아보도록 하지요. 질 입구를 바깥쪽에서 둘러싸고 있는 부분을 음순이라고 합니다. 음순은 질구와 요도구를 감싸는 입술 모양의 피부 조직이지요. 음순은 바깥 부분에 있는 대음순과 안쪽에 있는 소음순으로 나눌 수 있습니다. 대음순은 두터운 피부 조직으로 되어 있고 음모가 나 있지요. 반면에 소음순은 아주 얇은 피부 조직으로 되어 있고 음모가 없답니다. 소음순의 위쪽 끝에 있는 음핵은 발생학적으로 남자의 음경에 해당하는 부분으로 아주 민감하지요.

요도구는 오줌이 나오는 부분입니다. 요도는 오줌이 나오

는 길이고 방광과 연결되어 있습니다. 남성의 경우 요도를 통하여 정액과 오줌이 나오지만 여성의 요도로는 오줌만 나온답니다. 요도구 아래에는 질의 입구인 질구가 있습니다. 항문과 요도구 사이에 질구가 자리 잡고 있는 것이지요. 성교를 할 때 이 부분으로 남성의 음경이 들어가게 됩니다.

이제 다음의 그림을 보면서 몸 안에 있는 여성 생식기에 대해 알아보도록 해요.

남성의 음경을 받아들이는 부분인 질은 자궁으로 연결되는 통로이기도 합니다. 질은 습하고 주름이 많지요. 질 벽에서는 산성 물질을 분비하여 세균이 번식하지 못하도록 합니다. 성교 시 남성의 정액은 음경에서 나와 질의 가장 안쪽으로 들어갑니다. 즉, 자궁의 입구인 자궁 경부 앞으로 정액이 쏟아져 나오는 것이지요. 그러면 정자가 자궁 경부를 지나 자궁 안으로 들어가게 됩니다. 질은 평소에는 좁지만 주름 때문에 늘어날 수 있어서, 나중에 자궁에서 다 자란 아기가 이곳을 통해 세상으로 나오게 됩니다. 또한 월경혈도 질을 통해 나오지요.

질의 윗부분에는 자궁이 있습니다. 자궁 앞에는 방광이 있고, 뒤로는 대장이 있습니다. 자궁(子宮)은 아기가 자라는 궁전이라는 뜻을 가지고 있습니다. 나와 여러분 모두 어머니의

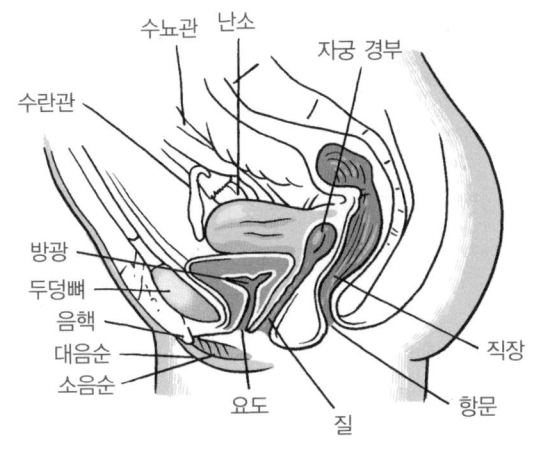

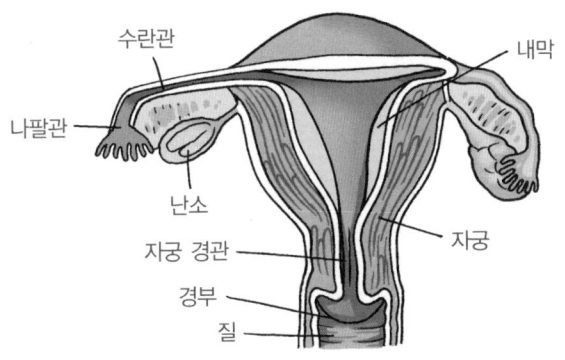

여성의 생식 기관

뱃속에 있는 그 궁전에서 270일가량 있다가 나왔답니다. 그
곳에 있는 동안 엄마는 아기에게 영양분도 주고 산소도 주지
요. 그곳에서 아기는 정말로 임금님 대접을 받는다고 할 수
있답니다. 자궁은 근육으로 된 주먹만 한 주머니이지만 아기

가 자람에 따라 점점 늘어납니다.

다음 시간에 자세히 이야기하겠지만, 자궁의 안쪽 벽은 28일을 주기로 두꺼워졌다 얇아졌다 합니다. 아기가 처음에 자리를 잘 잡을 수 있도록 자궁벽을 부드럽고 두껍게 만들었다가 허물고, 다시 두껍게 만드는 과정을 반복하는 것이지요. 이때 두꺼워졌던 자궁벽이 피와 함께 떨어져 나오는 것을 월경이라고 한답니다. 임신이 되면 자궁벽은 두꺼워진 상태를 그대로 유지하게 됩니다. 즉, 임신이 되면 월경이 일어나지 않습니다. 그래서 월경이 없으면 임신했는지 여부를 검사하는 것입니다.

자궁의 양쪽으로 뻗어 나간 관을 수란관이라고 합니다. 수란관은 난소에서 나온 난자가 내려오는 관입니다. 정자가 난자를 만나는 곳은 난소 쪽의 나팔처럼 생긴 부분의 조금 안쪽이랍니다. 수정이 일어나면 수정란은 수란관 벽에 나 있는 조그만 섬모들에 의해서 자궁 쪽으로 보내집니다.

난소는 자궁의 양쪽에 하나씩 있습니다. 이곳에서 난자가 만들어지지요. 사춘기가 지나면 28일마다 한 개씩 난자가 성숙되어 양쪽에서 번갈아 나옵니다. 이를 배란이라고 하지요. 개인차는 있지만 배란은 평균 50세 정도까지 일어나고 그 이후에는 배란이 일어나지 않는답니다. 배란이 일어나지 않으면 임신을 할 수가 없지요.

지금까지 우리는 남녀의 생식 기관에 대해 공부했습니다. 다음 시간에는 생식 기관에서 생겨나는 생식 세포인 정자와 난자에 대해 공부하기로 해요.

어서 와요. 이게 바로 생명 탄생의 과정을 여행할 수 있는 마이크로 잠수정이에요.

우아~, 어서 출발해요!

저기 개구리가 보여요!

개구리가 체외 수정을 하고 있군요. 사람처럼 몸 안에서 수정이 일어나는 것은 체내 수정이라고 하지요. 수정을 하기 위해선 생식 기관이 필요해요.

알았어, 여보. 끄응~.

여보, 어서 정자를 뿌려요!

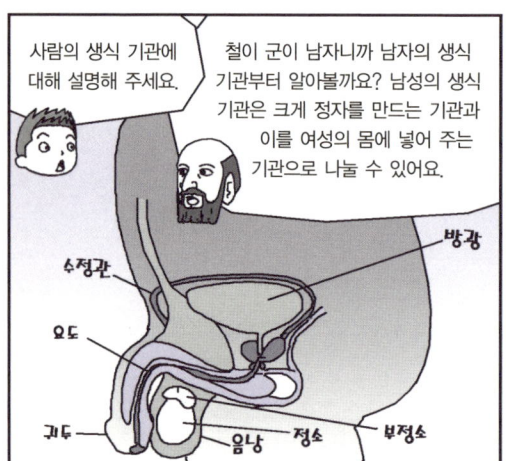

사람의 생식 기관에 대해 설명해 주세요.

철이 군이 남자니까 남자의 생식 기관부터 알아볼까요? 남성의 생식 기관은 크게 정자를 만드는 기관과 이를 여성의 몸에 넣어 주는 기관으로 나눌 수 있어요.

방광

수정관

요도

고환

음낭

정소

부정소

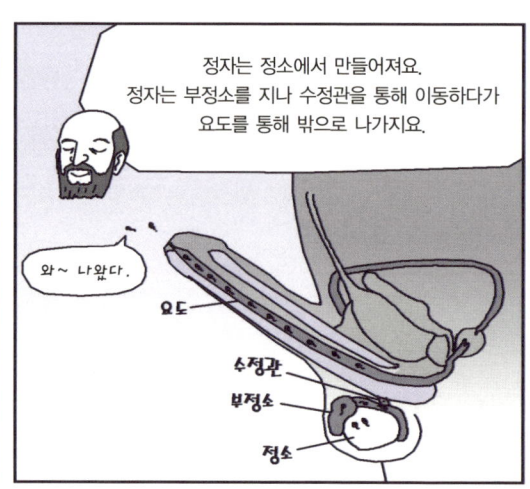

정자는 정소에서 만들어져요. 정자는 부정소를 지나 수정관을 통해 이동하다가 요도를 통해 밖으로 나가지요.

와~ 나왔다.

요도

수정관

부정소

정소

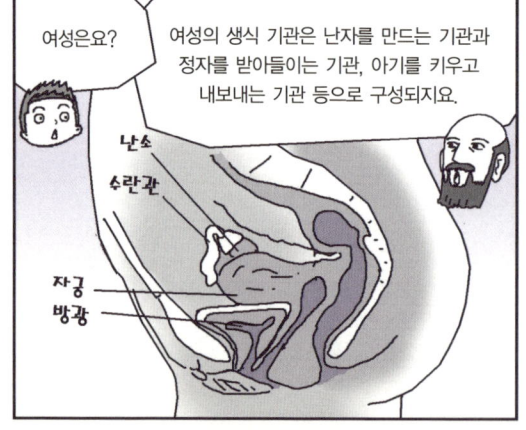

여성은요?

여성의 생식 기관은 난자를 만드는 기관과 정자를 받아들이는 기관, 아기를 키우고 내보내는 기관 등으로 구성되지요.

난소

수란관

자궁

방광

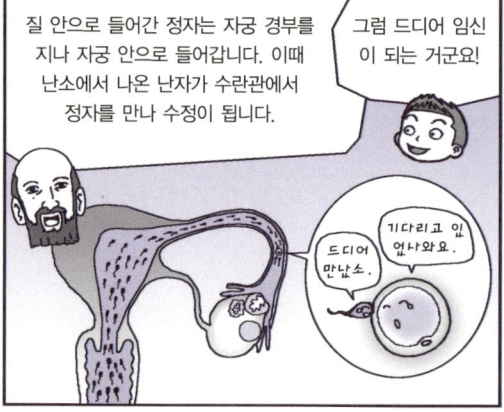

질 안으로 들어간 정자는 자궁 경부를 지나 자궁 안으로 들어갑니다. 이때 난소에서 나온 난자가 수란관에서 정자를 만나 수정이 됩니다.

그럼 드디어 임신이 되는 거군요!

드디어 만났소.

기다리고 있났소.

정자와 난자

생식 세포란 무엇일까요?
정자와 난자는 어떻게 만들어질까요?

3

세 번째 수업

정자와 난자

헤르트비히가 성교육의 중요성을
강조하며 세 번째 수업을 시작했다.

　지난 시간에 우리는 남녀의 생식기에 대해 공부했습니다.
내 몸을 이루고 있는 구조인데도 불구하고 그동안 모르고 있
었던 지식이 많았을 거예요. 또 이성 친구들과 함께 공부하
기가 좀 쑥스러웠지요? 하지만 남녀의 신체적 차이를 받아들
이고 이해하는 것은 여러분과 같은 청소년기에 매우 중요하
답니다. 남녀의 생식기 구조를 비롯한 성에 관한 이야기를
자꾸 숨기려고만 하는 태도는 옳지 않지요. 야하다고 생각하
거나 가볍게 장난처럼 받아들이는 것은 더욱 바람직하지 않
습니다. 성에 대해 정확한 지식과 올바른 태도를 가지려면

이러한 공부가 꼭 필요하답니다.

그럼 경건한 마음으로 수업을 시작해 볼까요? 이번 시간에는 무엇을 배운다고 했는지 기억나나요?

__ 정자와 난자에 대해 좀 더 자세히 공부한다고 했어요.

네, 잘 기억하고 있군요. 지금부터 정자와 난자는 어떻게 만들어지는지, 정자와 난자 안에는 무엇이 있는지, 정자와 난자는 왜 만나야 하는지 등에 대해서 알아봅시다.

생식 세포

우리의 몸은 셀 수 없이 많은 세포로 이루어져 있지요. 세포의 수가 많은 만큼 세포가 하는 일도 참 여러 가지랍니다. 근육 세포처럼 몸을 움직이게 하기도 하고, 신경 세포처럼 자극을 전달하기도 하지요. 또한 소화샘의 세포처럼 소화 효소를 분비하기도 하고, 표피가 되어 우리 몸을 보호하기도 하며, 적혈구처럼 산소를 운반하기도 합니다. 그 외에도 세포의 역할은 무수히 많습니다.

우리 몸을 이루는 세포들은 각자의 자리에서 맡은 일을 충실히 해내고 있습니다. 세포들은 자신이 하는 일에 알맞은 몸의 구조를 가지고 있지요. 예를 들어 근육 세포는 기다랗게 생겼고 늘어났다 줄어들었다 할 수 있으며, 신경 세포는 전화선처럼 기다란 실 모양을 하고 있습니다.

그렇다면 생식 세포란 무엇을 하는 세포일까요? 생식 세포는 엄마 아빠의 유전 정보를 다음 세대에게 전달하는 일을 한답니다. 동물의 생식 세포는 정자와 난자이지요. 식물의 꽃가루나 암술의 밑씨에 있는 난세포도 생식 세포입니다. 생식 세포를 다른 말로 배우자라고도 해요. 배우자라는 말은 일상 생활에서는 남편이나 아내를 가리키지만, 생물학에서 배우자는 생식 세포를 뜻한답니다.

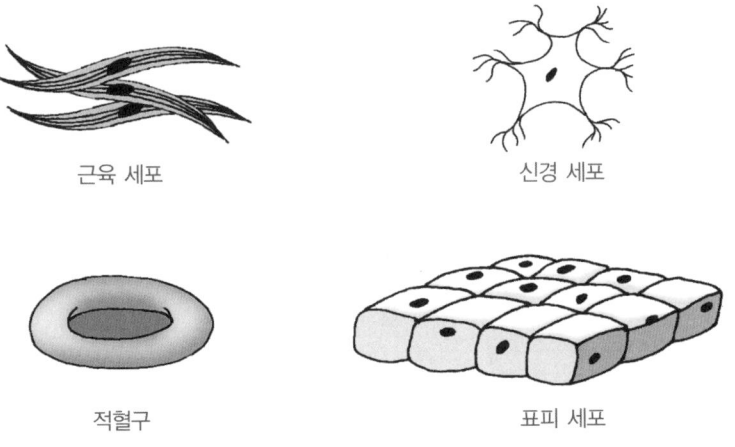

근육 세포

신경 세포

적혈구

표피 세포

여러 가지 세포의 모양

생식 세포는 번식을 위해 특수하게 변화된 세포라고 할 수 있습니다. 특히 정자의 모습은 보통의 세포와는 아주 다르지만 분명 세포랍니다. 정자와 난자에는 각각 아빠와 엄마의 유전 정보가 들어 있지요. 우리가 아빠, 엄마를 닮은 것은 바로 정자와 난자 안에 들어 있던 유전 정보 때문입니다.

다음 그림을 보세요. 이 그림은 정자와 난자가 만나는 순간을 나타낸 것입니다. 참 엄숙한 순간이라고 할 수 있지요. 생명이 생겨나는 순간이니까요. 잠시 후면 정자의 유전 정보가 난자에게 전해질 거예요. 그러니까 수정란에는 정자와 난자가 가지고 있던 유전 정보가 모두 들어 있게 되는 것이지요.

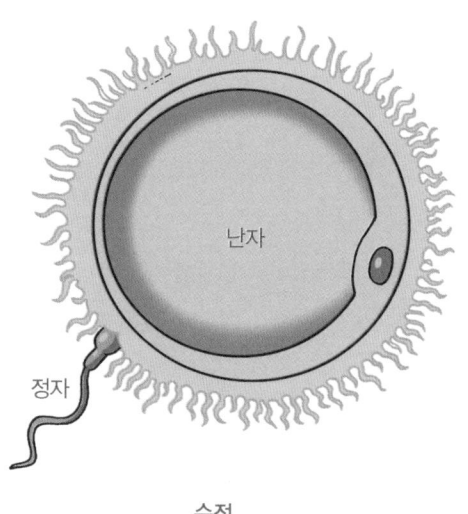

수정

정자와 난자의 모습

정자의 모습을 살펴볼게요. 정자는 작은 머리와 긴 꼬리를 가지고 있어요. 정자가 꼬리를 가지고 있는 이유는 아빠의 유전 정보를 난자에게 속히 전해 주기 위해서입니다. 꼬리는 정자의 이동 수단이라고 할 수 있습니다. 난자에게 가려면 헤엄을 쳐야 하기 때문이지요. 정자가 부정소에서 왜 수영 훈련을 받는지 알겠지요? 우리의 손으로는 한 뼘밖에 안 되는 거리이지만 정자에게는 무척 먼 거리이기 때문에 체력이 좋은 정자일수록 유리하답니다.

정자의 머리에는 핵이 들어 있고, 그 안에 유전 정보가 들어 있지요. 정자의 머리가 작은 이유는 먼 거리를 헤엄쳐 가

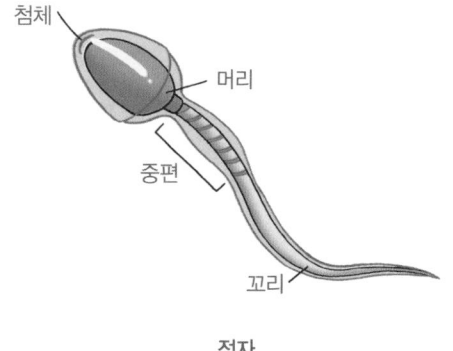

첨체

머리

중편

꼬리

정자

기 위해 최대한 몸집을 줄였기 때문이랍니다. 머리 모양이 타원형인 것은 헤엄칠 때 저항을 덜 받기 위해서지요.

머리의 끝 부분을 첨체라고 하는데, 이 부분에는 난자의 막을 녹이는 효소가 들어 있답니다. 정자가 난자의 막에 도달하면 송곳처럼 뚫고 들어가는 것이 아니라 첨체에서 나오는 효소로 난자의 바깥 부분을 둘러싸고 있는 두꺼운 막을 녹이고 들어간답니다.

머리 아랫부분은 중편입니다. 정자가 헤엄치는 동안 에너지를 공급해 주는 부분이에요. 정자의 '배터리'라고 할 수 있지요.

여러분, 이야기를 듣다 보니 난자가 어떤 성질을 가지고 있을지 짐작이 가지 않나요?

＿ 난자는 참 도도한 것 같아요. 정자가 이렇게 힘들게 가는 동안 가만히 기다리기만 하잖아요.

＿ 여자들이 왜 그렇게 콧대가 높은지 이제 알겠어요.

하하하. 이야기를 듣고 보니 그럴 법도 하군요. 여성들의 대표적인 성격을 생물학적으로 설명하다니, 정말 대단하군요. 하지만 과학적 근거가 있다고는 볼 수 없으니 여성에 대한 편견은 갖지 않도록 하세요.

＿ 네, 선생님.

여러분이 짐작한 대로 난자는 정자와는 다른 모습을 하고 있답니다. 난자는 둥근 공처럼 생겼지요. 그리고 스스로 헤엄칠 수 없답니다. 정자가 헤엄쳐서 난자를 찾아오기 때문에 난자는 스스로 운동할 필요가 없지요. 대신 난자는 영양분을 많이 가지고 있어요. 그래서 난자는 보통의 세포보다는 조금 크답니다. 막도 보통의 세포와는 다르게 두껍게 발달되어 있지요.

생식 세포를 만드는 특수한 세포 분열 – 감수 분열

정자와 난자는 세포이므로 세포 분열을 통해 만들어집니다. 그런데 보통의 세포와는 다른 세포 분열을 하지요. 정자와 난자를 만드는 특수한 세포 분열을 감수 분열이라고 합니다. 감수 분열에서 '감수(減數)'란 숫자를 줄인다는 뜻이지요. 그렇다면 무엇의 숫자를 줄이는 분열일까요? 이를 이해하기 위해서는 DNA와 염색체에 대한 지식이 조금 필요하답니다. 내가 쉽게 설명할 테니 잘 들어 보세요.

분열하는 세포에는 다음 그림과 같은 염색체가 들어 있답니다. 염색체는 유전 정보를 담고 있는 DNA라는 물질이 단

백질을 감고 있는 형태로 이루어져 있지요. DNA는 실 모양으로 기다랗게 생겼답니다. 실이 실패를 감고 있는 것처럼 DNA도 단백질을 감고 있는데 이것을 염색사라고 합니다. 이 염색사가 뭉친 것이 바로 염색체이지요. 염색사는 평상시에는 풀어져 있다가 세포가 분열할 때만 뭉쳐서 염색체가 된답니다.

이제 세포가 분열하는 원리를 알아볼게요. 예를 들어 시험지 한 장을 두 명의 친구가 나눠 갖는다고 생각해 봅시다. 한 장의 시험지를 두 명이 나눠 보려면 어떻게 해야 하지요?

__ 복사기로 복사를 하면 되지요.

네, 맞습니다. 복사를 하면 되지요. 세포도 마찬가지랍니다. 세포가 분열할 때는 중요한 정보가 있는 DNA를 복사한

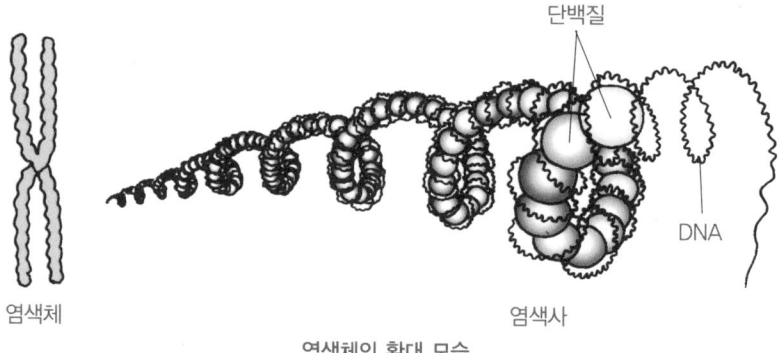

염색체   염색사

염색체의 확대 모습

다음 두 세포가 DNA를 나눠 갖습니다. 그러면 두 세포는 같은 DNA를 갖게 되지요. 이렇게 DNA를 복사하는 것을 DNA 복제라고 합니다. 복사라는 말 대신 복제라는 말을 쓰는 것이지요. 그런데 DNA는 기다란 실 모양이어서 나눠 갖기가 어렵답니다. 그래서 DNA가 뭉쳐서 염색체로 된 다음 양쪽의 세포로 나눠 들어갑니다.

첫 번째 수업 시간에 배웠던 내용을 복습해 볼게요. 분열하기 전 사람의 세포에는 몇 개의 염색체가 있다고 했지요?

__ 총 46개가 있습니다.

그렇지요. 즉, 사람의 세포에는 46개의 DNA가 있다고 할 수 있어요. 그중 23개는 엄마에게서, 나머지 23개는 아빠에게서 받은 것이지요. 그래서 사람의 세포 하나에는 염색체가 23쌍이 있게 되고, 각 쌍은 모양과 크기가 같답니다. 이를 상동 염색체라고 합니다. 상동 염색체는 하나의 세포 안에 있

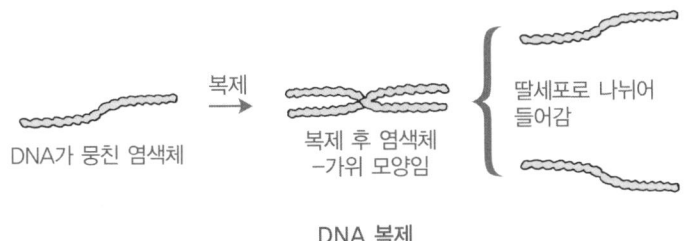

DNA가 뭉친 염색체 → 복제 → 복제 후 염색체 —가위 모양임 } 딸세포로 나뉘어 들어감

DNA 복제

는 모양과 크기가 똑같은 한 쌍의 염색체입니다.

우리 몸이 자라기 위해서는 세포가 분열하여 그 수가 많아져야 합니다. 몸이 자라기 위해서 세포는 다음 그림과 같이 분열합니다. 자세히 살펴보면 염색체를 이루는 두 가닥이 분리되어 양쪽의 세포에 똑같이 들어가는 것을 알 수 있습니다. 이렇게 몸이 자라기 위해서 세포가 분열하는 것을 체세포 분열이라고 합니다. 체세포 분열은 분열 결과 염색체 수의 변화가 없습니다.

그런데 생식 세포가 위와 같은 방법으로 분열한다면 어떤 문제가 발생할까요?

__ 생식 세포가 분열을 해도 염색체의 수가 줄어들지 않으니까 염색체의 수가 23개가 아니라 46개가 돼요.

그렇지요. 위와 같은 방법으로 세포가 분열을 한다면 정자

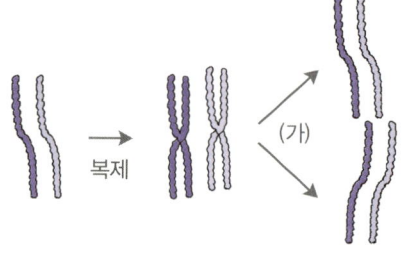

복제 (가)

체세포 분열

와 난자에도 각각 46개의 염색체가 있게 됩니다. 이럴 경우 정자와 난자가 수정을 하면 어떻게 될까요? 정자 46개에 난자 46개를 더해 92개의 염색체를 갖는 수정란이 되는 것이지요. 염색체가 많으면 좋을까요? 수정란의 염색체가 46개가 아닌 경우 수정란이 정상적으로 발생하지 못합니다. 그래서 감수 분열에서는 염색체 수를 반으로 줄이는 과정이 필요한 것이지요.

그렇다면 세포의 염색체 수를 어떻게 반으로 줄일 수 있을까요? 이 부분은 중학교나 고등학교 과학 교육 과정에서 아주 중요하게 다루어지는 만큼 좀 어렵더라도 잘 들어 두세요.

감수 분열도 보통의 세포가 분열하는 것과 마찬가지로 세포가 분열하기 전에 DNA를 복사한답니다. 그다음 각 염색

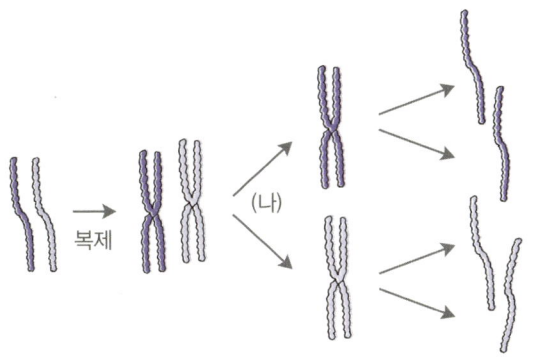

복제

(나)

감수 분열

체가 하나씩 딸세포에 나뉘어 들어가지요. 그런 다음 세포가 다시 분열합니다. 연속하여 두 번 분열하는 것이지요. 즉, 하나의 세포로부터 4개의 딸세포가 만들어지고, 그 딸세포가 나중에 정자나 난자가 되는 것이랍니다.

특히 앞 부분의 그림에서 (가)와 (나) 과정을 비교해 봅시다. (가)에서는 각 염색체의 가닥이 분리된 후 딸세포에 들어갔지요? 이에 비해 (나)에서는 상동 염색체가 딸세포에 하나씩 들어갔습니다. 그 결과 딸세포의 염색체 수가 모세포의 염색체 수와 달라진 것이지요.

감수 분열 결과 만들어진 세포의 염색체 수는 체세포(생식세포를 제외한 동식물을 구성하는 모든 세포)의 염색체 수의 절반이 된답니다.

좀 어려웠나요? 하지만 이것만은 기억하세요.

'정자와 난자는 보통의 몸 세포(체세포)에 비해 절반에 해당하는 염색체를 갖는다.'

'정자와 난자는 감수 분열이라는 세포 분열을 통해 만들어진다.'

정자 만들기

여러분, 정자가 만들어지는 곳이 어디라고 했지요?

__ 정소예요.

네, 맞습니다. 정소의 구조를 다시 한 번 볼까요? 정소에는 정세관이라는 가느다란 관이 가득 들어 있습니다. 그 기다란 관의 안쪽 벽에서 정자가 생겨나지요. 다음의 그림은 정세관의 단면을 나타낸 것입니다.

정세관 안쪽의 벽에서 정자를 만들기 위한 감수 분열이 일어납니다. 하루에 2억 개 정도의 정자가 생기는 것을 생각해

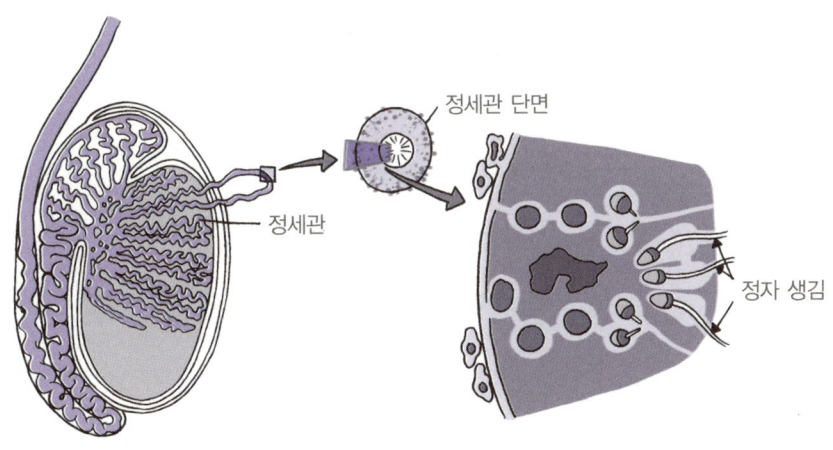

정자의 형성

볼 때, 정세관 안에서 얼마나 많은 감수 분열이 일어나는지 알 수 있지요. 소는 매일 약 6×10^9개의 정자를, 곰은 약 1.6×10^{10}개의 정자를 생산해 낸다고 합니다. 정세관 안에는 정원세포라고 불리는 세포가 많이 들어 있는데, 이 세포들이 분열하여 정자가 된답니다.

__ 정세관 안에서 그렇게 많은 정자가 생기는데 정원세포

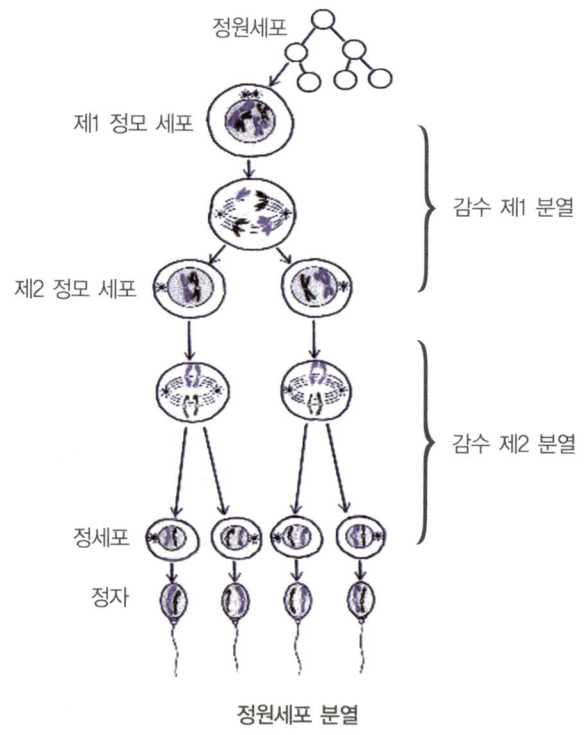

정원세포 분열

의 수는 줄어들지 않나요?

좋은 질문이에요. 정원세포는 스스로 분열하여 그 수를 늘려 갈 수 있답니다. 그러니 정원세포의 수가 줄어들 염려는 없지요.

정원세포의 일부는 제1 정모 세포가 된 다음 감수 분열을 진행한답니다. 제1 정모 세포가 감수 분열을 마치면 4개의 정세포(정자 세포)가 생기지요. 정세포가 정자가 되기 위해서는 특별한 과정을 거쳐야 합니다. 바로 헤엄치기 좋게 꼬리를 길게 만들고 몸집을 줄이는 과정이지요.

이렇게 모양이 크게 변하는 과정을 '변태'라고 합니다. 곤충이 애벌레에서 날개가 달린 어른이 되는 과정도 변태라고 하고, 올챙이가 개구리가 되는 것도 변태라고 하지요. 마찬가지로 정세포가 정자가 되는 것도 변태라고 합니다.

난자 만들기

난자는 어디에서 만들어진다고 했지요?

__ 난소에서 만들어져요.

그렇지요. 남성에게 정소가 있다면 여성에게는 난소가 있

어요. 난소에서 난자가 생기는 과정은 정소에서 정자가 생기는 과정과는 좀 다르답니다.

첫째, 만들어지는 시기가 다릅니다. 정소에서는 사춘기 이후 거의 평생 동안 정원세포가 분열하면서 정자를 만들어 내지만, 난소는 여성이 태아 상태일 때만 분열한답니다.

__ 그렇다면 여성은 태어난 후에는 난소에서 세포 분열이 일어나지 않는 것인가요?

네, 맞습니다. 난소에 있는 난원세포는 자궁 속의 태아 상태일 때 이미 분열을 끝내고, 태어난 후에는 더 이상 분열하지 않는답니다. 난원세포는 자궁 속에 있을 때 감수 분열을 시작하여 제1 난모 세포가 된 상태로 존재하지요. 제1 난모 세포는 난원세포가 감수 분열을 위해 DNA 복사를 해 둔 상태라고 할 수 있습니다. 그리고 그 수는 40만 개 정도가 됩니다. 즉, 여자아이는 난소에 약 40만 개의 제1 난모 세포를 가지고 태어나는 것이지요.

그런데 여자아이가 갖고 있던 제1 난모 세포가 모두 분열하여 난자를 만드는 것은 아닙니다. 40만 개 정도의 제1 난모 세포 중에서 사춘기 이후에 400개 정도만 난자를 만들기 위해 분열하지요.

__ 그럼 나머지는 어떻게 되나요?

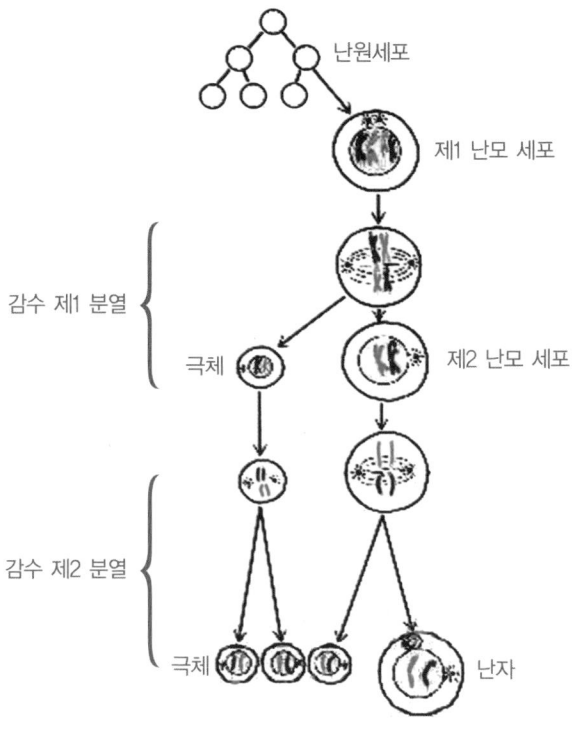

난원세포

제1 난모 세포

감수 제1 분열

극체

제2 난모 세포

감수 제2 분열

극체

난자

난원세포 분열

매몰차게 들릴지 모르겠지만, 필요 없는 세포가 계속 몸에 있을 이유가 없어요. 즉, 우리의 몸은 필요 없는 세포를 스스로 죽게 하는 능력을 가지고 있답니다. 사춘기가 지나면 제1 난모 세포가 28일에 하나씩 감수 분열을 하여 여포라는 방에서 난자를 만들어 낸답니다.

둘째, 만들어지는 과정이 다릅니다. 난원세포가 제1 난모

세포가 되고, 제1 난모 세포가 분열하면 2개의 세포가 생기는데, 하나는 크고 다른 하나는 아주 작답니다. 큰 것을 제2 난모 세포라고 하고 작은 것을 극체라고 합니다. 극체는 생식에 관여하지 않기 때문에 나중에 퇴화합니다. 그리고 난모 세포는 분열하여 난자가 됩니다. 난자는 정자와 만난 다음 자궁에 자리 잡을 때까지 필요한 영양소를 가지고 있어야 하기 때문에 크기가 정자보다 훨씬 크답니다.

여러분, 이번 시간에 우리는 정자와 난자가 만들어지고 배출되는 과정을 알아보았어요. 배운 내용이 조금 어려웠을지도 모르겠군요. 성과 사랑에 대한 수업이라고 해서 은근히 기대한 친구들도 있을 텐데 실망한 건 아닌지 모르겠군요. 하지만 분명히 말해 두지만, 올바른 성과 사랑을 배우기 위해 반드시 필요한 과정이랍니다. 그러니까 잘 이해가 되지 않았다면 다음 수업을 듣기 전에 이번 수업을 꼭 복습하기 바랍니다.

＿ 네, 선생님!

다음 시간에는 난자가 수정되지 않으면 어떻게 되는지 알아보겠습니다. 그리고 성호르몬에 따른 우리 몸의 반응에 대해서도 알아볼 거예요. 앞으로는 이번 수업과는 달리 흥미롭고 재미있는 수업의 연속이 될 겁니다. 그럼 다음 수업을 기대해 주세요.

만화로 본문 읽기

여긴 어디죠?

자궁 안이에요. 정자와 난자가 보이죠?
바로 저 정자와 난자가 아빠와 엄마의 유전 정보를
자식에게 전달하는 생식 세포예요.

가까이 가서 자기 소개를
해 달라고 부탁해 볼게요.

그런 것도
해요?

난 정자예요. 웬만한 수영 선수 안 부러운
꼬리가 있고 머리 안에는 유전 정보가 들어
있는 핵이 있죠. 그리고 그 끝에는 난자의
막을 녹일 수 있는 첨체가 있어요.

이 기회에 내가
1등 해야지.

뭐 하는
거야?

글쎄.

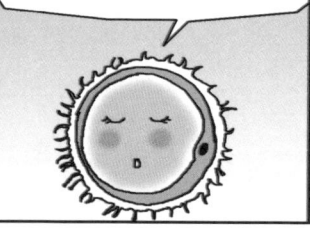

난 난자랍니다. 정자와는 달리 둥근
공처럼 생겨서 헤엄칠 수 없어 정자가
오기를 기다려야 하죠. 왜 항상 여자만
기다려야 하는 건지….

그럼 당신들은 어떻게
만들어지나요?

우리들은 세포이므로 세포
분열을 통해 만들어집니다.
다만 다른 세포와 달리 감수
분열이란 것을 하죠.

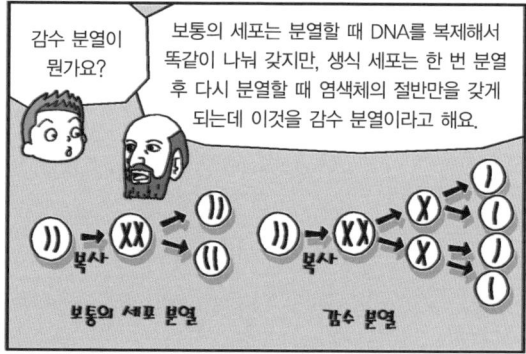

감수 분열이
뭔가요?

보통의 세포는 분열할 때 DNA를 복제해서
똑같이 나눠 갖지만, 생식 세포는 한 번 분열
후 다시 분열할 때 염색체의 절반만을 갖게
되는데 이것을 감수 분열이라고 해요.

복사

복사

보통의 세포 분열

감수 분열

여기는 정세관이란 곳으로 이곳의
정원세포가 분열해서 정모 세포가
된 다음 감수 분열을 하여 4개의
정세포가 되죠. 그리고 정세포는 변태
를 거쳐 정자의 모습이 되는 겁니다.

개구리의 알이 올챙이가
되는 모습과 비슷하네요.

야호~, 드디어 변태가
끝난다! 이젠 마음대로
돌아다닐 수 있어.

아이, 부러워. 우린
언제 저렇게 될까?

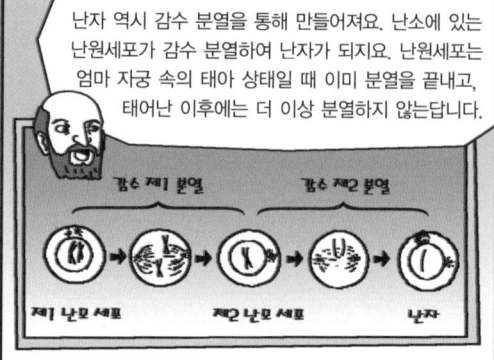

난자 역시 감수 분열을 통해 만들어져요. 난소에 있는
난원세포가 감수 분열하여 난자가 되지요. 난원세포는
엄마 자궁 속의 태아 상태일 때 이미 분열을 끝내고,
태어난 이후에는 더 이상 분열하지 않는답니다.

감수 제1 분열

감수 제2 분열

제1 난모 세포

제2 난모 세포

난자

4

사춘기와 성호르몬

성호르몬에는 어떤 것이 있으며, 어떤 작용을 할까요?
월경이란 무엇이며 왜 일어나는 것일까요?

4

네 번째 수업

사춘기와 성호르몬

헤르트비히가 사춘기에 대해
이야기하며 네 번째 수업을 시작했다.

여러분, 수업을 시작하기 전에 문제 하나 낼게요. '질풍노도의 시기', '제2차 성징기', '과도기' 등은 모두 무엇을 뜻하는 걸까요?

＿ 사춘기예요!

네, 맞습니다. 질풍노도(疾風怒濤)란 몹시 빠르게 부는 바람과 무섭게 소용돌이치는 물결을 뜻하는 말로, 사춘기 청소년들의 심리 상태를 아주 잘 표현하는 사자성어이지요. 사춘기에 접어들면 자아가 형성되면서 주위와 갈등을 빚기도 하고 반항심이 생기기도 한답니다. 사춘기를 거치는 대부분의 청

소년이 공통적으로 겪는 변화이지요.

사춘기 때는 심리 상태뿐만 아니라 몸에도 많은 변화가 생겨 어른과 비슷한 모습을 갖게 됩니다. 어릴 적 모습과는 많이 다르지요. 그리고 이성에 대한 관심이 증가하게 됩니다. 왜 사춘기가 되면 몸과 마음에 변화가 일어나는 걸까요?

태어나기 전에 결정되는 성

사람은 엄마 뱃속에서 이미 남성과 여성이 결정되지요. 따라서 갓 태어난 아기의 생식기를 보고 아들인지 딸인지를 구분합니다. 남녀가 다른 것은 생식기뿐만이 아니랍니다. 뇌의 구조도 남녀가 많이 다르지요. 이처럼 남녀의 신체적 특징을 구분해 주는 염색체가 있다고 했는데, 무엇이라고 했지요?

__ 성염색체예요.

잘 기억하고 있군요. 한 사람이 남성이 될지 여성이 될지 정해지는 데는 성염색체가 중요한 역할을 합니다. 그리고 성호르몬 또한 아주 중요한 역할을 하지요.

__ 성호르몬이오?

네. Y 염색체를 가진 태아는 정소가 생겨 정소에서 남성

호르몬을 분비합니다. 임신이 된 후 12주가 됐을 때 남성 호르몬이 가장 많이 나오지요. 이때 나오는 남성 호르몬의 양을 빗대어 '남성 호르몬으로 샤워를 한다'라고 표현하기도 합니다. 이때 분비되는 남성 호르몬으로 아기는 남성의 생식기를 갖게 되지요.

태아가 자궁 속에서 발생해 가는 것을 보면 사람의 생식기를 만드는 부분은 원래 남녀가 똑같다는 것을 알 수 있습니다. 하지만 호르몬의 종류에 따라 남녀가 각각 다른 형태의 생식기를 갖게 되는 것이지요. 남성 호르몬이 제대로 분비되지 않으면 태아는 여성이 됩니다. 실제로 자궁에서 자라는 수컷 실험동물의 정소를 없앴더니 암컷의 생식 기관이 만들어진 것을 관찰할 수 있었습니다.

__ 선생님, 그렇다면 태아가 여성의 생식 기관을 갖게 되는 것은 난소에 의해서라기보다 정소가 없기 때문이라고 할 수 있겠군요.

그렇지요.

그리고 남성 호르몬에 의해서 남성의 뇌가 생기는 것으로도 알려졌습니다. 즉, 남성 호르몬이 적게 분비되면 여성의 뇌가 생기는 것이지요. 어린아이들이 노는 것을 보면 여자아이와 남자아이가 좋아하는 것이 다름을 알 수 있어요. 여자

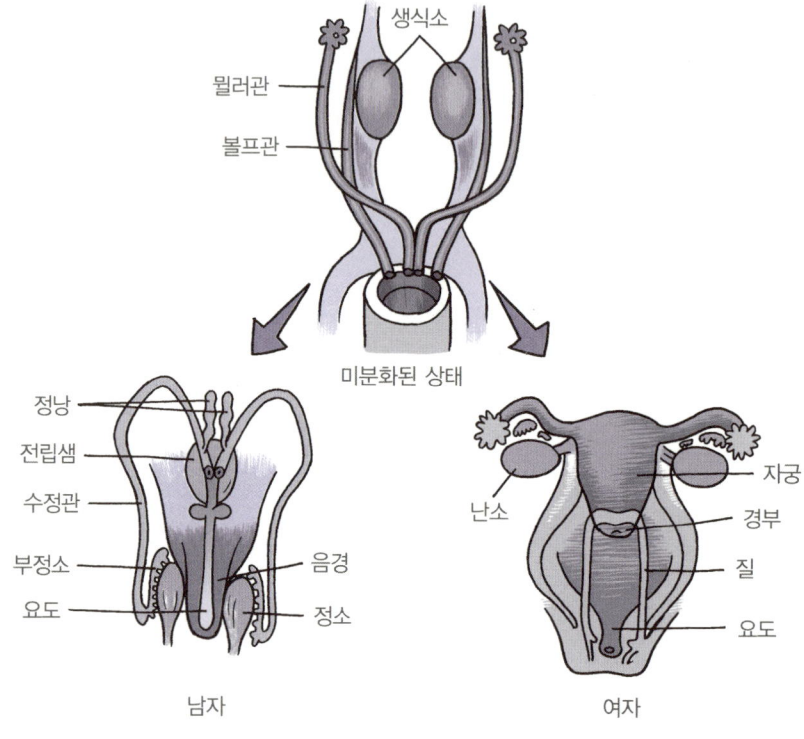

생식 기관의 분화

아이들은 인형 놀이나 소꿉놀이를 좋아하는 반면, 남자아이
들은 자동차나 로봇을 가지고 놀기를 좋아합니다. 또한 자라
서 학교에 들어가면 남학생은 수학이나 과학을 좋아하는 경
우가 많은 데 반해 여학생은 국어나 영어를 더 좋아하는 것을
볼 수 있지요.

이렇듯 남녀의 성향에 차이가 있는 건 남성은 좌뇌가 발달했고 여성은 우뇌가 발달했기 때문이랍니다. 좌뇌는 수학, 과학이나 논리를 담당하고, 우뇌는 언어나 감성을 담당하지요. 그런데 여기서 짚고 넘어가야 할 것은, 모든 남성과 여성이 이러한 성향을 띠는 것은 아니라는 겁니다. 일반적으로 그렇다는 이야기이지요.

남자아이가 '남자답게' 자라고 여자아이가 '여자답게' 자라는 것은 뇌의 구조적 차이뿐만 아니라 그렇게 길들여졌기 때문이기도 합니다. 예를 들어, 전통적으로 남자아이는 씩씩하고 용감하게 자라야 한다고 교육을 받습니다. 반면 여자아이는 참하고 얌전하게 자라야 한다고 교육을 받지요. 이러한 가르침의 결과로 남자아이는 자라면서 남자의 행동과 역할을 하게 되고, 여자아이는 여자의 행동과 역할을 하게 됩니다. 활동적이고 위험한 직업군에 남성이 많이 종사하고, 정적이고 세심한 직업군에 여성이 많이 종사하는 것을 보면 알수 있지요.

남녀의 역할이 유전적으로 구분되는 것인지 아니면 문화적인 가르침에서 오는 것인지를 알아보기 위한 연구도 많이 있었습니다. 미드(Margaret Mead, 1901~1978)라는 인류학자는 오스트레일리아의 섬, 뉴기니의 여러 종족에 대해 연구

했지요. 연구 결과 어떤 종족은 남녀 모두 전투적인 반면, 어떤 종족은 모두 부드러운 성품을 가지고 있었어요. 또한 어떤 종족은 우리가 생각하는 남녀의 역할이 바뀌어 있는 경우도 있었지요. 여성들은 전투적이고 독립적인 데 비해 남성들은 아주 조용하고 순종적이었다고 합니다. 그 종족은 남녀의 역할을 우리와는 반대로 가르치고 있었던 것이지요.

__ 하지만 현대 사회에는 여성과 남성의 역할에 대한 경계가 많이 사라지고 있는 것 같아요.

맞습니다. 직장 여성이 많아지면서 자연스럽게 남녀 역할 구분이 사라지는 것이지요. 어떤 가정에선 남성이 집에서 가사를 돌보고 여성이 직장에 나가기도 하지요.

또한 옛날에는 남성만의 스포츠라고 여겨졌던 복싱이나 축

구가 오늘날에는 남녀 구분 없이 행해지고 있습니다. 이렇게 남녀의 역할 구분이 사라져 가니, 이제는 여성과 남성의 역할을 구분하는 것 자체가 바람직하지 않은 것 같아요. 이제는 남녀 역할 구분도 없고 편견도 없는 양성 평등의 시대가 되었으니까요.

여성, 남성 그리고?

남자 아기가 엄마의 자궁에서 자랄 때 남성 호르몬이 충분히 나오지 않으면 뇌가 정상적으로 발달하지 못하게 됩니다. 이럴 경우 몸은 남성이지만 자신을 여성으로 생각하는 등 자신의 성에 대해 혼란을 겪을 수도 있지요.

어떤 사람은 분명 남성이지만 여성이 되기를 원하기도 하고, 아예 자신을 여성이라고 믿기도 합니다. 또 어떤 사람은 성전환 수술을 통해 자신의 성을 바꾸기도 하지요. 이렇게 성 정체성에 혼란을 느끼는 이유는 발생 과정에서 뇌가 만들어질 때 뇌의 성이 분명하게 구분되지 않았기 때문입니다.

요즘에는 동성애에 대해서도 많이 이야기되고 있어요. 여러분은 동성애가 무엇인지 알고 있나요?

__ 네, 남성과 남성 혹은 여성과 여성끼리 사랑하는 것을 말해요.

네. 말 그대로 성별이 같은 사람들끼리의 사랑이라고 할 수 있지요. 예전에 동성애는 사회적으로 금기시되어 함부로 표현할 수 없었지만, 요즘에는 TV 드라마나 영화 등에서 소재로 삼을 정도로 흔한 이야깃거리가 되었습니다.

왜 자신과 성별이 같은 사람을 사랑하게 되는지는 정확히 밝혀진 바가 없습니다. 자라면서 환경의 영향을 받은 것인지, 아니면 태어날 때부터 그러한 신체적인 소질을 가지고 있었는지 말이에요. 하지만 대다수와 다르다고 해서 배척할 것이 아니라, 동성애를 또 하나의 성 문화로써 이해할 수도 있을 것입니다.

몸이 변화하는 사춘기

아기가 태어나면 생식기를 보고 아들인지 딸인지 쉽게 구분하지요. 태어난 지 얼마 되지 않은 아기는 생식기를 보지 않고선 남자아이인지 여자아이인지 잘 구분되지 않는답니다. 자라면서 조금씩 남녀의 성향을 띠게 되지요.

남녀의 신체적 차이는 사춘기에 더 커집니다. 엄마의 자궁 속에서 자랄 때 성호르몬으로 남성 혹은 여성이 결정되지만, 태어난 뒤에는 성호르몬의 분비가 줄어듭니다. 그러다가 사춘기가 되면 성호르몬이 다시 많이 분비되지요. 남성 호르몬은 정소에서, 여성 호르몬은 난소에서 나옵니다.

성호르몬은 사춘기에 일어나는 몸의 변화를 가져옵니다. 여러분 중에도 현재 사춘기를 겪고 있는 친구들이 많을 거라고 생각돼요. 사춘기가 되면 신체적으로 어떤 변화가 생기는지 쑥스러워 말고 하나씩 이야기해 볼까요?

＿ 전 목소리가 이상해졌어요. 예전에는 노래를 할 때 고음도 잘 올라갔는데 이젠 노래 부르기가 힘들어요.

사춘기가 되면 남학생들은 목소리가 변하기 시작하지요. 남녀의 차이가 별로 없었던 시기와는 다르게, 남학생의 목소리가 굵고 낮게 변해 갑니다. 그 이유는, 남자의 목에 있는 후두가 커지기 때문이지요. 변성기 때 목을 무리하게 사용하면 안 됩니다. 너무 높은 목소리를 내려 하거나 큰 소리를 내는 것은 나중에 좋은 목소리를 갖는 데 좋지 않지요. 또 어떤 변화가 있을까요?

＿ 선생님, 전 얼굴에 여드름이 갑자기 많이 생겼어요.

하하하, 학생의 얼굴을 보니 고민이 많을 것 같군요. 하지

만 여드름 또한 사춘기에 나타나는 전형적인 변화이니 너무 심각하게 받아들이지 않도록 하세요. 스트레스는 여드름의 적이니까요. 여드름은 피부의 피지선에 세균이 감염되어 나타나지요. 여드름이 보기 싫다고 깨끗하지 않은 손으로 마구 짜게 되면 오히려 여드름이 심해져 상처가 남게 되니 주의해야 합니다.

자, 또 다른 변화로는 무엇이 있을까요?

── 저…… 저는 털이…… 났어요.

부끄럽게 생각할 것 없습니다. 사춘기에 나타나는 큰 변화 중 하나는 남녀 모두 음모가 나고 겨드랑이에 털이 나는 것입니다. 음모는 외부 생식기 근방에 나는 털을 말합니다. 음모는 왜 날까요? 음모가 특별히 하는 일이 있는 것은 아니지만 외부로부터 생식기를 보호하는 기능을 갖습니다. 또 이성의 관심을 끄는 효과도 있지요.

그리고 겨드랑이에도 털이 나지요. 남학생의 경우 사춘기가 되면 턱과 코밑에 수염이 나기 시작합니다. 사람에 따라 털의 숫자는 다르지만, 어른이 되면 턱수염, 콧수염이 많아진답니다.

남학생은 근육이 발달합니다. 남성이 여성에 비해 근육량이 많은 것도 사춘기에 근육이 발달하기 때문입니다. 근육뿐만 아니라 골격의 변화도 생깁니다. 여학생의 경우 골반이 넓어져 엄마가 될 준비, 즉 아기를 낳을 준비를 하는 반면, 남학생의 경우 어깨가 넓어져 힘이 세지지요.

그리고 남학생은 사춘기가 되면 음경의 크기가 커진답니다. 굵기가 굵어질 뿐 아니라 길이도 길어지지요. 사람마다 사춘기가 오는 시기가 다르기 때문에 같은 반 학생이라도 이 시기에는 음경의 크기가 크게 차이가 날 수 있답니다. 우리 친구 중에서 혹시 자기 음경이 다른 친구에 비해 너무 작다고 고민하는 친구는 없나요? 성인이 되면 키가 자라듯이 음경도 자라니 걱정할 필요 없습니다.

또, 남학생의 경우 사춘기 몽정을 경험하게 됩니다. 사춘기에는 성호르몬에 의해 정액이 만들어지기 시작하는데, 몽정이란 정낭 안에 고여 있던 정액이 잠자는 동안 배출되는 현상을 말합니다. 몽정을 경험할 때는 대개 성적인 꿈을 꾸게 되고, 꿈과 더불어 정액이 방출됩니다. 건강한 남학생이라면 대개 경험하게 되는 일이며, 몸이 아버지가 될 준비를 하고 있다는 것을 알려 주는 것이니 자연스러운 현상으로 생각하세요.

사춘기 여학생의 경우 골반과 함께 유방이 발달하기 시작합니다. 앞으로 엄마가 될 준비를 하는 것이지요. 또한 사춘

기 여학생은 월경을 시작하게 됩니다. 월경이란 자궁 안쪽의 막이 혈액과 함께 떨어져 나오는 현상이라고 두 번째 수업 시간에 설명했지요? 월경에 대해서는 잠시 후 성호르몬을 구체적으로 이야기할 때 자세히 설명하겠어요.

　이러한 사춘기의 변화는 생식 능력을 갖기 위한 과정이라고 할 수 있답니다. 즉, 어른으로서 아빠, 엄마가 될 준비를 하는 것이지요.

　사춘기에 나타나는 이러한 남녀의 신체 구조 차이를 2차

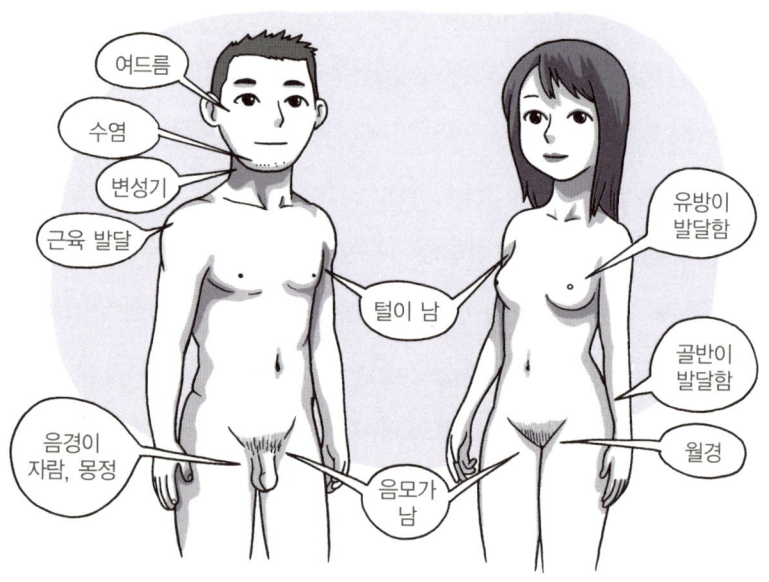

사춘기 남성과 여성의 신체적 특징

과학자의 비밀노트

여성 호르몬과 갱년기

여성 호르몬은 40대 후반에서 50대에 이르면 갑자기 감소하는데, 이때 피부가 거칠어지고, 얼굴이 시시때때로 화끈거리며, 까닭 없이 초조해지는 갱년기 장애가 나타난다. 갱년기 장애는 여성 호르몬 부족으로 일어나는 현상이므로 여성 호르몬 주사를 맞으면 증상을 완화할 수 있으나, 암을 일으키는 등의 부작용이 따르기 때문에 주의해야 한다. 갱년기 장애의 특징 중 뼈엉성증(골다공증)이 있는데, 이 또한 여성 호르몬 부족으로 나타나는 현상이다. 뼈엉성증이란 뼈의 무기질과 단백질이 줄어들어 뼈조직이 엉성해지는 증상이다. 여성 호르몬은 뼈에서 칼슘이 빠져나가는 것을 막아 주기 때문에, 갱년기 장애를 겪는 여성에게는 뼈엉성증이 발병할 확률이 높다.

성징이라고 한답니다. 1차 성징은 외부 생식기가 생기는 것을 말하지요.

사춘기를 시작하게 하는 성호르몬

사춘기에 일어나는 몸의 변화는 성호르몬에 의해서 나타납니다. 성호르몬의 분비는 뇌가 조절하지요. 그러므로 사춘기 때 나타나는 몸의 변화는 뇌의 조절에 의해 일어난다고 할 수

있습니다.

뇌에는 시상 하부라는 부분이 있습니다. 그리고 시상 하부 아래에 뇌하수체라는 조그만 호르몬 샘이 붙어 있지요.

시상 하부에서 뇌하수체에 신호를 보내면 뇌하수체에서는 정소와 난소를 자극하는 여포 자극 호르몬(FSH, follicle stimulating hormone)과 황체 형성 호르몬(LH, luteinizing hormone)을 분비합니다. 이들 호르몬이 혈액을 타고 이동해 정소나 난소를 자극하면 정소와 난소에서는 각각 성호르몬을 분비하는 것입니다.

> 뇌의 시상 하부에서 신호 물질로 뇌하수체 자극 → 뇌하수체에서 정소, 난소를 자극하는 호르몬(FSH, LH) 분비 → FSH, LH가 정소와 난소 자극 → 정소와 난소에서 성호르몬 분비 → 사춘기 몸의 변화

호르몬은 우리 몸에서 연락을 담당하는 화학 물질이랍니다. 남성의 중요한 성호르몬은 테스토스테론이고, 여성의 중요한 성호르몬은 에스트로젠과 프로게스테론입니다. 이들 호르몬은 혈액을 타고 퍼져 나가 몸의 변화를 일으킵니다. 남성 호르몬의 연락을 받은 턱의 세포들은 수염을 만들어 내

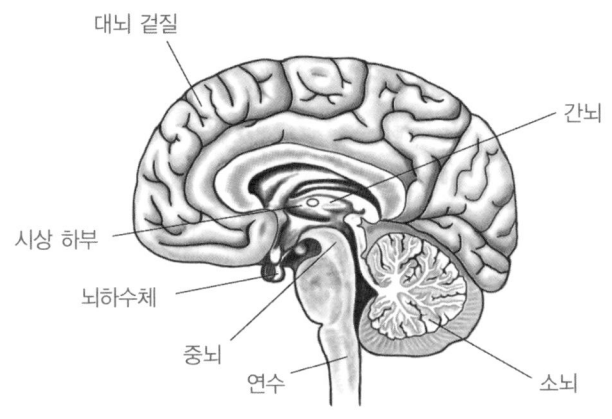

사람 뇌의 구조

고, 여성 호르몬의 연락을 받은 가슴의 조직 세포들은 유방으로 발달하는 것이지요.

   __ 선생님, 그렇다면 남성에게 여성 호르몬을 주사하면 남성도 여성처럼 가슴과 골반이 발달할까요?

   재미있는 상상이네요. 그렇답니다. 남성이 여성 호르몬 주사를 오랫동안 맞는다면 여성의 특징이 나타날 것입니다. 가슴이 커질 뿐만 아니라 피부도 부드러워지고 목소리도 고와지지요.

월경이 일어나는 원리

월경은 여성에게만 나타나는 대표적인 현상 중 하나입니다. 난소에서 난자가 나올 때마다 자궁은 아기를 만들 준비를 한답니다. 그래서 아기에게 줄 영양분을 자궁 내벽에 두껍게 만들어 놓지요. 하지만 난자가 수정이 되지 않으면 두꺼워진 자궁 점막이 더 이상 필요가 없으므로 자궁에서 떨어져 나와 질을 통해 외부로 나오게 됩니다. 이때 모세 혈관들로부터 혈액이 함께 나옵니다. 즉, 월경 시 나오는 것은 혈액과 자궁 내막을 이루었던 세포들입니다.

월경이 일어난 후 자궁 내막은 다시 두꺼워집니다. 그리고 얼마 있다가 다시 떨어져 나오지요. 이렇게 자궁 내막은 두꺼워졌다가 떨어져 나가기를 반복하는데 그 주기가 약 28일입니다.

월경 때는 월경혈이 나오므로 주의해야 합니다. 또한 사람에 따라 월경이 있을 때 생리통이 나타나거나 정신적으로 예민해지는 경우도 있지요. 28일 주기로 월경을 경험해야 하는 여성에게 월경은 매우 귀찮은 일이지만, 아기를 잉태할 수 있는 건강한 몸을 가지고 있다는 표시이기도 하지요. 여성의 나이가 50대가 되면 여성 호르몬의 분비량이 적어져서 월경

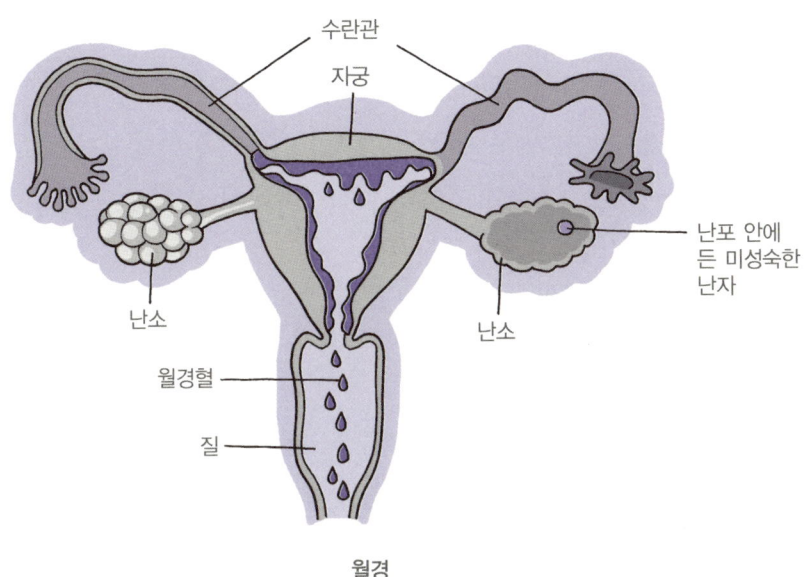

수란관

자궁

난포 안에
든 미성숙한
난자

난소

난소

월경혈

질

월경

혈의 양이 줄고, 월경이 불규칙해지다가 멎게 되는데, 이러
한 상태를 폐경이라고 합니다.

＿ 선생님, 임신을 해도 월경이 일어나나요?

좋은 질문입니다. 답부터 말하자면 임신을 하게 되면 월경
이 일어나지 않는답니다. 임신을 하게 되면 에스트로젠이나
프로게스테론이 계속 분비되어 자궁 내막이 두꺼운 상태를
유지하기 때문입니다. 그러므로 월경이 일어나는지의 여부
가 임신 여부를 아는 데 중요한 힌트가 된답니다.

정상적으로 월경이 있던 여성이 한 주기가 지나도 월경이

없다면 임신 가능성을 의심해 봐야 합니다. 하지만 사람의 몸은 기계가 아니기에 월경 시기는 다소 불규칙할 수 있습니다. 그래서 월경으로 임신 여부를 정확히 판단할 수는 없으므로 의심되는 증상이 있을 시에는 반드시 병원에 찾아가 진단을 받아야 합니다.

지금까지 우리는 남성과 여성이 결정될 때와 사춘기에 2차 성징이 나타날 때 성호르몬이 중요한 역할을 한다는 것을 공부했습니다. 2차 성징의 특징과 월경에 대해서도 공부했습니다. 그렇다면 다음 시간에는 무엇을 배울까요? 한번 짐작해 보세요.

__ 임신에 대해서 배우지요?

하하, 너무 앞서 나갔군요. 물론 임신에 대한 내용도 배울 것입니다. 그 전에 수정이 일어나는 과정에 대해 배우겠습니다. 그럼 다음 시간에 다시 만납시다.

선생님, 남녀는 성염색체에 의해서만 결정되는 건가요?

꼭 그렇지만은 않아요. 발생된 후 성호르몬도 중요한 역할을 해요.

세상의 모든 남자와 여자는 내가 결정한다!!

성염색체

흥, 내 허락 없인 완벽한 남녀가 될 수 없을걸~.

성호르몬

Y 염색체를 가진 태아는 정소가 생겨 남성 호르몬을 분비하는데, 이 남성 호르몬이 제대로 분비되지 않으면 여성이 되는 것이랍니다.

정소에서 나온 남녕 호르몬이 날 남자로 만드는구나.

난 정소가 없으니 여자가 되겠네.

그럼 남자와 여자의 성향도 태어날 때 결정되는 건가요?

네, 남성 호르몬에 의해 남자의 뇌가 여자의 뇌와는 다르게 만들어진다고 알려졌지만, 남녀의 성향은 문화적인 가르침에서 오는 영향도 있다고 해요.

좋은 데 장가가려면 요리를 잘해야지.

좋은 닝랑 만나려면 사냥을 잘해야지.

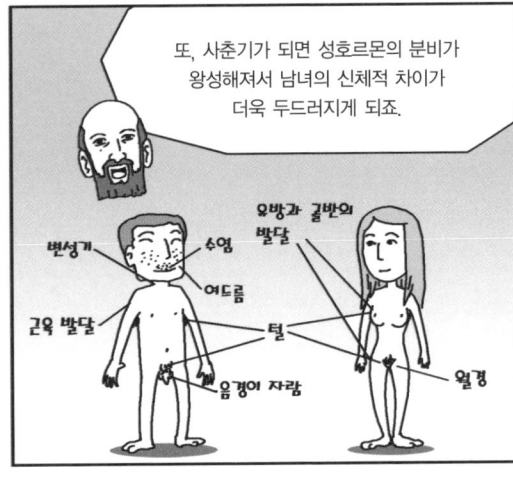

또, 사춘기가 되면 성호르몬의 분비가 왕성해져서 남녀의 신체적 차이가 더욱 두드러지게 되죠.

변성기   수염

여드름

근육 발달

음경어 자람

유방과 골반의 발달

털

월경

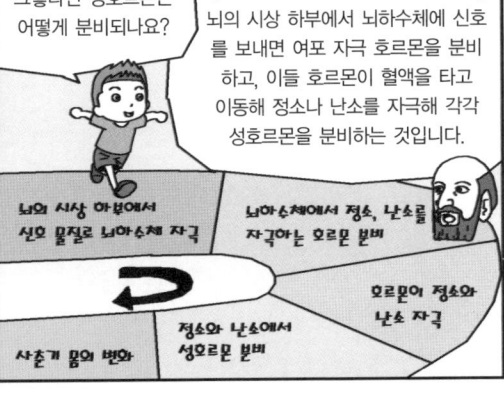

그렇다면 성호르몬은 어떻게 분비되나요?

성호르몬의 분비는 뇌가 조절하는데, 뇌의 시상 하부에서 뇌하수체에 신호를 보내면 여포 자극 호르몬을 분비하고, 이들 호르몬이 혈액을 타고 이동해 정소나 난소를 자극해 각각 성호르몬을 분비하는 것입니다.

뇌의 시상 하부에서 신호 물질로 뇌하수체 자극

뇌하수체에서 정소, 난소를 자극하는 호르몬 분비

호르몬이 정소와 난소 자극

사춘기 몸의 변화

정소와 난소에서 성호르몬 분비

그렇다면 선생님, 만약 제가 여성 호르몬 주사를 맞으면 여자처럼 될까요?

후후, 가능해요. 남성이 여성 호르몬 주사를 오랫동안 맞으면 여성처럼 가슴이 커질 뿐만 아니라 피부도 부드러워지고 목소리도 고와진답니다.

왠지 끔직해~

수정과 임신

정자와 난자는 어떻게 만날까요?
수정란에는 어떤 변화가 일어날까요?
착상은 어떻게 일어날까요?

5

다섯 번째 수업

수정과 임신

헤르트비히가 만남의 중요성을 이야기하며 다섯 번째 수업을 시작했다.

여성과 남성이 결혼을 하려면 가장 먼저 무엇부터 해야 할까요?

__ 일단 마음에 드는 사람을 만나야 해요.

맞아요. 만남이 아주 중요하답니다. 결혼도, 오늘 배우게 될 수정도요. 이번 시간에는 정자와 난자가 만나는 과정에 대해 공부할 거예요. 정자가 어떻게 남성의 몸에서 배출되어 여성의 몸으로 들어갈 수 있는지, 눈도 없는 정자가 어떻게 난자를 찾아가는지, 그리고 수정이 된 후 수정란은 어떻게 변하는지 공부하게 될 겁니다. 더불어 피임에 대해서도 알아

보기로 해요.

정자의 배출

우리는 이미 정자가 생기는 과정에 대해 공부했습니다. 한 번 복습해 볼까요? 정자는 어디에서 생기나요?

__ 정소의 세정관에서 생겨요.

맞습니다. 그리고 정자나 난자가 생기는 세포 분열을 무엇이라고 하지요?

__ 감수 분열이라고 해요. 감수 분열을 통해 염색체 숫자가 절반으로 줄어들어요.

네. 감수 분열을 통해 정자는 매일 평균 2억 개 이상이 생겨나지요.

__ 선생님, 그런데 그 많은 정자는 다 어디로 가나요? 전부 배출되나요?

아니요. 만들어진 정자가 모두 배출되는 것은 아닙니다. 몸 밖으로 배출되지 않은 정자는 부정소 안에서 다시 몸 안으로 흡수되어 없어집니다. 그래서 부정소에는 항상 일정한 수의 정자가 준비되어 있답니다.

부정소에서 오매불망 난자 만나기만을 기다리는 정자가 난자를 만나는 과정에 대해 알아보겠습니다.

정자가 여성의 몸으로 들어가기 위해서는 성교라는 과정을 거쳐야 합니다. 우리는 일반적으로 성행위를 부끄럽게 여겨 드러내 놓고 이야기하기를 꺼리지요. 그리고 정상적인 사람이라면 공개적으로 성교를 하는 경우가 없습니다. 인간이 다른 동물과 다른 점 중의 하나이지요.

하지만 성교라는 성적 행동은 생물학적으로 지극히 자연스러운 것입니다. 마치 우리가 밥을 먹거나 화장실을 가는 것처럼 말이에요. 그러니 듣기에 조금 쑥스럽더라도 지금은 올바른 성에 대해 공부하는 시간이니 진지한 자세로 수업에 임하도록 하세요.

성교가 일어나기 위해서는 몸과 마음의 준비가 필요하답니다. 사랑하는 배우자와 하는 성교가 가장 바람직하다는 것은 말하지 않아도 잘 알겠지요? 성교에 대한 도덕적인 관점은 뒤에서 자세히 설명할 테니 지금은 생물학적인 관점에서만 알아보도록 합시다.

몸과 마음의 준비가 되면 키스나 애무 등의 과정을 거칩니다. 이 과정에서 성적 흥분이 일어나지요. 애무란 성적으로 민감한 부분을 어루만져 주는 것을 말합니다. 성적으로 민감

한 부위를 흔히 성감대라고 합니다. 남성의 경우 성감대는 음경 외에는 별다른 곳이 없다고 볼 수 있지만 개인차는 있습니다. 여성의 경우 성기나 유방 외에도 다양한 부분에 성감대가 분포해 있습니다.

키스나 애무는 성교를 하기 전에 상대방을 받아들이기 위한 몸과 감정을 준비하는 과정이라고 볼 수 있습니다. 성교라는 특별한 행위는 아무런 준비 없이 일어날 수는 없기 때문이지요. 그리고 이러한 준비 과정을 통해 서로 사랑하는 마음이 샘솟고, 서로를 신뢰하게 되며, 성교를 하고 싶은 바람이 더 강해집니다.

성적 흥분이 일어나면 신체적으로 여러 변화가 생긴답니다. 남성의 경우 음경이 크고 단단해지지요. 고환은 음경에 가까이 당겨 붙고요. 여성에게도 변화가 생깁니다. 질에서는 윤활액이 분비되어 음경이 쉽게 들어갈 수 있도록 해 주고, 젖꼭지가 단단해지기도 하지요.

남성의 음경을 여성의 질에 삽입하면서 성교가 시작됩니다. 음경 삽입 뒤 보통 남성이 음경을 질 안에서 드나드는 운동을 반복합니다. 그러면 쾌감이 일어나게 되고, 마침내 정낭과 전립샘, 음경 밑 부분의 근육의 수축에 의해 정액이 분출됩니다. 이 과정은 사람에 따라 다르지만 대개 몇 분에서

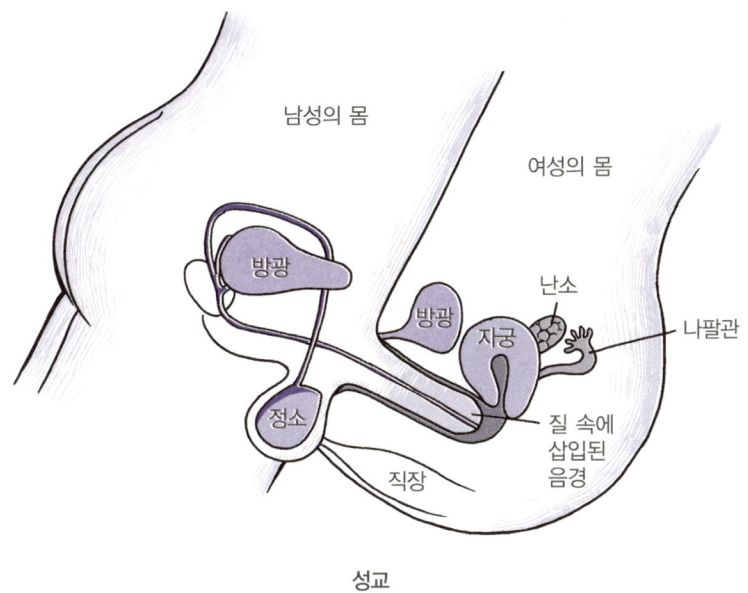

남성의 몸

여성의 몸

방광

난소

방광

자궁

나팔관

정소

질 속에 삽입된 음경

직장

성교

몇십 분 정도 걸립니다.

남성의 정액이 분출되는 것을 사정이라고 합니다. 두 번째 수업 시간에 이야기했지만, 사정이 될 때 방광에서 오줌이 나오는 길은 근육에 의해 막히게 됩니다. 정액이 나올 때 오줌이 섞여 나오는 것을 막기 위함이지요.

정액의 양은 평균 1.5~5.0mL로 티스푼 하나 정도의 양이랍니다.

__ 선생님, 정액은 모두 정자로만 이루어져 있나요?

그렇지 않습니다. 정자는 정액의 약 5%를 차지합니다. 나

머지 약 95%는 전립샘과 정낭에서 만들어지는 분비물이지요. 정자는 정액 1mL당 6,000만 개에서 1억 5,000만 개 정도 들어 있답니다. 그러므로 남성이 한 번 사정하는 정액 안에는 수억 개의 정자가 들어 있는 셈이지요.

__ 그런데 어차피 난자와 만나는 정자는 1~2개뿐이잖아요. 그렇게 많은 정자가 나올 필요가 있을까요?

좋은 질문입니다. 하나의 수정을 위해 이렇게 많은 정자가 배출되는 이유는, 정자가 많을수록 임신이 될 확률이 높아지기 때문입니다. 그리고 가장 튼튼하고 건강한 정자가 수정될 수 있게 하기 위해서이기도 하지요. 예를 들어 정자끼리 수영 시합을 한다고 생각해 보세요. 수영을 가장 잘하는 정자가 난자에 가장 빨리 도착할 수 있겠지요? 도도한 난자는 아무 정자하고나 결합하지 않는답니다. 난자를 향해 필사적으로 헤엄쳐 온 가장 튼튼하고 건강한 정자하고만 결합하지요.

사람 외의 동물의 정자 수가 많은 이유에 대해서는 아직 정확히 밝혀진 바가 없답니다. 일반적으로 과학자들은, 암컷이 여러 수컷과 교미를 하는 경우가 있어, 수컷이 좀 더 많은 정자를 암컷에 넣어 줌으로써 자신의 정자를 수정시키려고 많은 정자를 만드는 것이라고 생각했습니다. 또 어떤 과학자는 정자를 많이 넣어 주어 다른 동물의 정자가 난자로 가는 것을 방해하기 위해서라고 주장하기도 하고, 심지어 어떤 과학자는 다른 수컷의 정자와 싸우는 정자가 있다는 주장을 하기도 했지요.

과학자들의 생각이 조금씩 다른 것 같지만, 결론적으로 다른 수컷과의 '정자 전쟁'에서 이기려는 목적으로 정자를 많이 만든다는 것이지요. 사람의 경우 정자의 수가 1mL당 2,000만 개 이하이면 임신이 잘 되지 않는답니다.

배란

난자가 난소에서 배출되는 것을 배란이라고 했어요. 배란은 정자의 배출처럼 성행위가 있을 때마다 일어나지 않습니다. 배란은 월경이 시작된 날로부터 14일째가 되는 날에 일어나지요.

난소에서 난자가 배출되면 난자는 수란관으로 이동합니다. 그런데 난자는 정자의 꼬리와 같은 운동 기관이 없기 때문에 스스로 움직일 수 없답니다. 수란관 끝 부분의 운동을 통해 난자가 움직인다는 표현이 맞겠군요. 수란관 끝 부분의 모양이 나팔과 비슷하여 나팔관이라고 부르기도 합니다.

난자와 정자의 이동

　나팔관 입구로 들어간 난자는 스스로 운동하지 못하기 때문에 수란관의 움직임과 수란관 벽에 있는 섬모의 운동에 의해 안쪽으로 보내집니다. 난자는 나팔관 입구에서 얼마 떨어지지 않은 곳에서 정자를 만나게 됩니다.

　＿ 그렇다면 난자가 그 부분에 도착했을 때 정자도 그곳에 와야 되는 거네요?

　그렇지요. 난자가 그곳에 도착했을 때 정자를 만나야 정상적으로 임신이 되는 것이지요. 사람의 경우 난자의 생존 시간은 약 24시간입니다. 즉, 임신이 되려면 건강한 정자와 난자가 만들어지는 것도 중요하지만 정자가 알맞은 시간에 정확하게 난자에게 도착하는 것도 중요하지요. 그리고 정자의 이동 거리는 18cm 정도로 난자의 이동 거리보다 훨씬 깁니다.

　＿ 에이~, 18cm면 너무 짧은데요?

　하하하. 우리에게 18cm는 한 뼘 정도의 짧은 거리이지만, 눈에 보이지 않을 정도로 작은 정자에게는 너무나 먼 거리랍니다. 사람으로 치면 수십 km를 헤엄치는 것과 같답니다.

　＿ 그렇게 생각하니까 무척 먼 거리군요. 정자는 정말 훌륭한 수영 선수라고 할 만하네요.

하지만 한 번에 방출된 수억 개의 정자가 모두 난자가 있는 곳까지 갈 수 있는 것은 아니랍니다.

사람의 경우 자궁 입구에 방출된 정자가 자궁 안으로 들어가는 것부터 쉽지 않답니다. 자궁의 입구가 두꺼운 점액으로 막혀 있기 때문이지요. 이 점액이 얇고 묽어져서 정자가 자궁 안으로 들어갈 수 있는 것은 배란이 일어나는 때의 하루 이틀 정도입니다. 이러한 이유로 수란관에 도달하는 정자는 몇천 마리 정도에 지나지 않는 것이지요. 난자가 있는 곳까지 가는 정자는 그중 일부에 불과하답니다. 다시 한 번 정자의 수가 많아야 하는 이유를 알 수 있지요.

그런데 일단 정자가 자궁 안으로 들어오면 그동안 꼼짝 않던 자궁도 협조적으로 변합니다. 근육 운동을 해서 정자가 자궁 전체로 퍼져 나가는 것을 도와주지요. 자궁의 운동 덕분에 정자는 상당한 시간을 절약할 수 있어요. 사실 정자는 자궁 안에서는 어디로 가야 할지를 잘 모릅니다. 두 개의 수란관 중 어느 쪽에서 배란이 일어났는지도 모르고요.

난자에서 화학 물질이 나와 정자를 유인하기는 하지만, 그 화학 물질을 인지할 수 있는 정자는 겨우 1cm 이내에 있는 정자뿐입니다. 즉, 자궁 안에 들어온 정자는 목적지도 모른 채 무작정 헤엄을 치는 셈이지요. 하지만 정자의 수가 워낙

많기 때문에 난자가 기다리고 있는 수란관을 향해 가는 정자는 있기 마련입니다.

정자가 어두운 자궁 안에서 목적지도 모른 채 방황하다가 난자에게 도달하는 것은 큰 행운이 따라야 하는 일임을 알 수 있습니다. 재미있지 않나요? 지구 상에 살고 있는 모든 사람이 수억 개의 정자 중 난자에 들어간, 튼튼하고 건강하며 운까지 좋은 유일한 정자로부터 생겨났다니 말이에요. 이것은 곧 우리가 세상에 태어났다는 것 자체가 커다란 행운의 결과일 뿐만 아니라 엄청난 경쟁을 이겨 냈다는 것을 의미한답니다.

정자와 난자의 만남

정자의 험난한 여정 끝에 난자가 눈앞에 보이는군요. 이제 정자와 난자가 만나는 엄숙하고도 기쁜 순간이 기다리고 있습니다. 가장 튼튼하고 행운을 타고난 정자 하나와, 매달 정자를 만나지 못하고 떠나갔던 다른 난자와 달리 수정을 코앞에 둔 선택된 난자의 만남으로 새 생명의 탄생이 시작될 것입니다.

그러나 정자가 난자의 막을 뚫고 들어가는 것 또한 쉽지 않

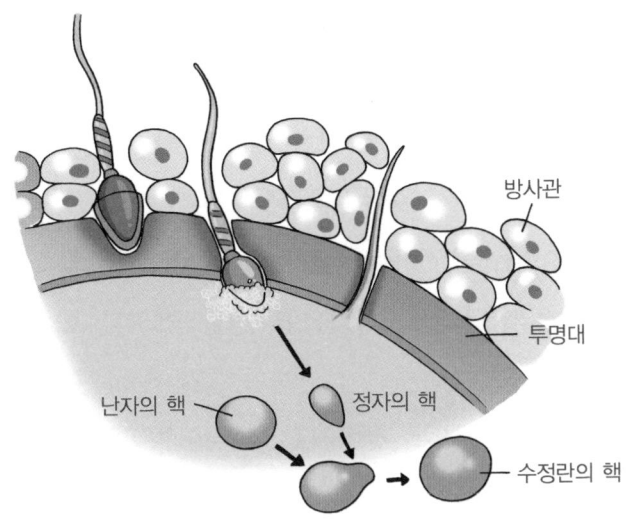

방사관

투명대

난자의 핵

정자의 핵

수정란의 핵

정자와 난자의 만남

습니다. 난자가 방사관이라는 세포들과 투명대라는 두꺼운 막으로 보호되어 있기 때문이지요. 이들을 통과해야 난자 안으로 정자의 핵이 들어갈 수 있습니다. 여기서 정자들의 협동 작전이 시작됩니다. 난자를 싸고 있는 장애물들은 정자의 머리의 끝 부분, 즉 첨체에 있는 효소에 의해 분해됩니다. 그래서 여러 정자가 협동을 해야 장애물을 모두 제거할 수 있습니다. 단 한 개의 정자만 난자에게 도착해서는 수정이 일어나기 어렵답니다.

정자가 난자의 투명대를 통과할 때 꼬리는 들어가지 않습

니다. 정자 머리의 핵만 난자 안으로 들어가지요. 이제 정자는 아빠의 유전 정보를 난자에게 전달하는 임무를 무사히 마치게 됐습니다. 그렇게 먼 길을 헤엄쳐 와서 드디어 난자 안으로 들어가게 된 정자에게 박수를 보내고 싶군요.

우리가 이미 공부했듯이 정자에는 보통 세포의 절반에 해당하는 23개의 염색체가 있습니다. 정자에 있는 23개의 염색체와 난자에 있는 23개의 염색체가 합해져 46개의 염색체를 갖는 수정란이 생기는 것이지요. 그 46개의 염색체 안에 유전 정보가 담겨 있다는 것은 이미 학습을 통해 알고 있지요. 그 안에 장차 태어날 아기의 피부색, 눈 모양, 혈액형 등 한 사람을 만들어 갈 정보가 모두 들어 있답니다.

하나의 정자가 난자에 들어가면 또 다른 정자의 침입을 막기 위해 난자에는 변화가 생깁니다. 우선 전기적인 상태가 바뀝니다. 난자는 내부에 약간의 전기를 띠고 있는데, 전기의 상태가 변화되어 다른 정자의 침입을 막는답니다. 또한 수정막이라는 특수한 막이 생겨 더 이상 다른 정자가 들어오지 못하게 방어막을 치지요. 만일 동시에 두 개의 정자가 수정된다면 그 수정란은 정상적으로 세포 분열하지 못한답니다. 결국 죽게 되지요.

수정란은 세포 분열을 거듭하여 사람으로서 하나의 개체가 되어 가는 긴 과정을 거치게 됩니다. 생각해 보세요. 눈에 보이지도 않는 작은 수정란이 세포 분열을 거듭하여 사람이 된다는 것을요. 또한 그저 분열만 하는 것이 아니라 몸의 각 기관을 만들어 간다는 것을요. 그뿐만 아니라 보고 말하고 생각할 수 있다는 것도요. 하나의 수정란이 인격을 갖는 인간이 된다는 것은 분명 기적 같은 일입니다.

수정란은 만들어지자마자 곧바로 분열을 시작합니다. 하나의 세포가 두 개로 분열하고, 두 개는 다시 네 개로 분열하지요. 이렇게 분열을 반복하여 세포의 수를 늘려 가는 것입니다.

__ 분열을 계속하면 세포의 크기가 작아지지 않나요?

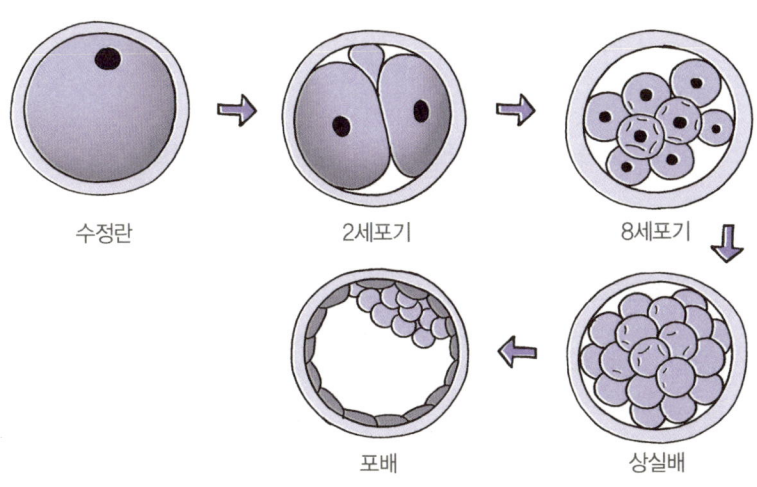

수정란   2세포기   8세포기

포배   상실배

수정란의 세포 분열

그렇답니다. 세포의 크기는 점점 작아지지요. 이렇게 수정란이 분열하는 것을 난할이라고 한답니다.

__ 그렇다면 세포가 어느 정도 크기가 될 때까지 분열을 계속하나요?

난자는 우리 몸을 이루는 일반적인 세포보다 크답니다. 영양분을 가지고 있기 때문이지요. 수정란이 분열하여 생기는 세포는 크기가 점점 작아져 결국에는 보통의 세포와 크기가 같게 된답니다.

수정란은 분열하면서 자궁 쪽으로 이동해 갑니다. 수정란이 분열하여 세포가 늘어나서 생긴 어린 개체를 배아 혹은 접합자라고 합니다. 배아라는 말은 발생 초기의 어린 아기를 뜻하는 것이고, 접합자라는 말은 정자와 난자가 접합하여 만들

과학자의 비밀노트

난할

난할이 일어날 때 각 세포가 갖는 DNA가 복제되는 과정은 체세포 분열과 같다. 그리고 난할 시 DNA가 복제된다는 것은 우리 몸의 모든 세포가 똑같은 DNA를 갖는다는 것을 의미한다. 하지만 분열로 생긴 딸세포의 크기는 커지지 않는다. 그래서 난할로 생긴 세포는 크기가 점점 작아진다. 이것이 난할과 체세포 분열의 차이점이다.

어졌다는 의미를 담고 있습니다. 배아는 아직 생물의 모양을 갖추지 못했지만 여러 개의 세포로 되어 있는 상태이지요.

배아는 수란관이라는 어두운 터널을 지나 자궁으로 갑니다. 배아가 스스로 운동할 수 있을까요?

__ 아니요. 난자는 운동을 못 하고, 정자도 꼬리가 잘렸으니 배아는 운동을 못 할 것 같아요.

네, 맞습니다. 배아도 난자와 같이 스스로 운동할 수 없기 때문에 수란관의 근육 운동과 섬모 운동에 의해 자궁으로 보내집니다.

자궁은 장차 배아가 엄마로부터 영양소와 산소를 얻어 커갈 '궁전'이라고 했던 말 기억하지요? 그런데 궁전에 들어가 안착하는 일 또한 쉽지 않습니다. 배아는 궁전에 들어가기 전까지 홀로 살아가야 한답니다. 아직 엄마에게 뿌리를 내리지 못했으니 불안한 상태라고 할 수 있지요. 스스로 영양분을 얻을 수도 없는 때이므로, 일생 중 가장 불안한 시기라고 볼 수 있답니다. 만일 엄마의 자궁에 자리를 잡지 못하면 배아는 죽게 됩니다. 그러므로 수정란이 자궁에 이르는 여행은 생명을 건 모험이라고 할 수 있지요.

배아가 수란관을 거의 빠져나올 무렵 상실배 상태가 됩니다. 상실배란 뽕나무 열매처럼 생겼다고 해서 붙여진 이름입

니다. 상실배는 분열로 생긴 여러 개의 세포로 이루어져 있답니다.

자궁에 도달한 상실배는 3∼4일 동안 따뜻한 자궁 안을 누비며 떠다닙니다. 앞으로 260일가량 자신이 자리 잡고 살아갈 궁전을 둘러보는 것이지요. 이때도 쉬지 않고 계속 분열하여 포배 상태가 되지요. 포배 상태의 배아는 속이 물로 차 있는, 세포가 없는 공간을 가지고 있답니다.

수정 후 약 7∼8일 동안의 불안한 여행을 마친 포배 상태의 배아는 자궁 내막에 자리를 잡게 되는데 이것을 착상이라

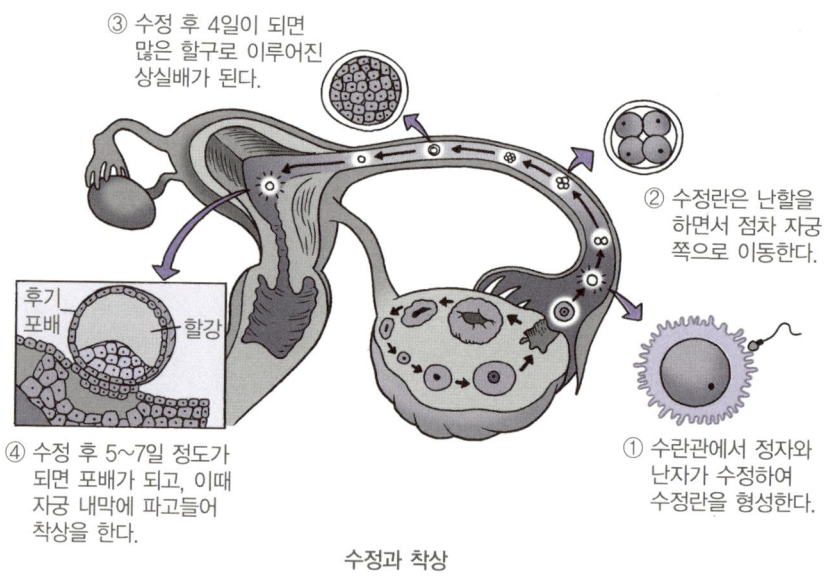

③ 수정 후 4일이 되면 많은 할구로 이루어진 상실배가 된다.

② 수정란은 난할을 하면서 점차 자궁 쪽으로 이동한다.

후기 포배   할강

④ 수정 후 5∼7일 정도가 되면 포배가 되고, 이때 자궁 내막에 파고들어 착상을 한다.

① 수란관에서 정자와 난자가 수정하여 수정란을 형성한다.

수정과 착상

고 합니다. 엄마의 자궁 내막은 배아가 뿌리를 잘 내릴 수 있도록 이미 두껍고 푹신하게 발달되어 있답니다. 착상에 대한 자세한 내용과 착상 이후에 일어나는 현상들은 다음 수업 시간에 알아보겠습니다.

쌍둥이의 탄생

__ 선생님, 쌍둥이는 어떻게 생기는 건가요?

쌍둥이가 생기는 경우는 두 가지가 있습니다.

첫째, 수정란이 한 번 분열하여 생긴 2세포기에 두 개의 세포가 서로 분리되어 자라는 경우입니다. 사람의 경우 2세포기의 세포가 분리되면 각각 다른 사람으로 자랄 수 있는데, 이런 경우를 일란성 쌍둥이라고 합니다. 하나의 난자로부터 생겨났다는 의미이지요. 일란성 쌍둥이의 경우 유전자가 마치 복제 인간처럼 똑같기 때문에 자라면서 외모나 성격, 지능 등이 거의 같답니다. 어떤 쌍둥이의 경우 부모도 가끔 구분하지 못할 정도로 같기도 하지요.

둘째, 난자 두 개가 배란되어 각각 수정이 일어나는 경우입니다. 이 경우에는 유전자가 서로 조금 다르답니다. 형제로

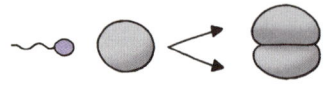

일란성(유전자와 성별 모두 같음)

난자 하나에 정자 하나가 수정

수정란이 나중에 둘로 나뉘어 각각
발생하여 개체를 형성

이란성(유전자의 유사성은 나이가
다른 형제자매와 같은 수준)

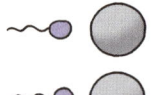

두 개의 난자에
각각 다른 정자가 수정

각각의 수정란이 독립적으로
발생하여 개체를 형성

일란성 쌍둥이와 이란성 쌍둥이

서 서로 닮기는 했지만 다른 점도 많지요. 이런 경우 이란성
쌍둥이라고 합니다. 성별이 다른 쌍둥이가 대표적인 이란성
쌍둥이입니다. 일란성 쌍둥이는 항상 성이 같답니다.

피임 방법

피임이란 말 그대로 임신을 피하는 것, 즉 임신을 막는 것을 말합니다. 성교 후 정자와 난자가 만나지 못하게 하는 방법이지요. 또한 이미 정자와 난자가 만나서 생긴 배아가 자궁에 자리 잡지 못하게 방해하는 방법도 있습니다. 피임에는 여러 가지 방법이 있는데, 크게 자연적인 방법과 인위적인 방법이 있습니다.

먼저 약이나 기구를 이용하지 않는 자연적인 피임 방법에 대해 알아보기로 해요. 인류 역사에서 가장 오래된 피임 방법은 아마도 성교 시 남자가 정자를 배출하기 전에 음경을 질에서 빼는 방법일 겁니다. 그러나 이 방법은 실패 확률이 높지요. 적은 양의 정자가 미리 나오기도 하고, 음경을 빼는 시기가 늦어질 수도 있으니까요.

또 다른 자연적인 방법으로는 여성의 배란 주기를 이용하는 방법이 있어요. 배란이 일어나는 시기를 잘 예측하여 성교를 피하는 것이지요.

__ 그 시기를 어떻게 정확하게 알 수 있나요?

여성은 배란이 일어날 즈음에 체온이 떨어졌다가 배란이 일어나면 급격히 체온이 올라가는 특징이 있어요. 그래서 체온을 측정하면 배란일을 알 수가 있지요. 또한 지난번 월경을 언제 시작했는가도 배란일을 예측하는 데 좋은 참고가 됩니다. 배란은 월경을 시작했던 날로부터 14일째 일어나니까요.

다음에는 인위적인 방법에 대해 알아보기로 해요. 인위적인 방법에는 아예 배란이 일어나지 않게 하는 방법과 정자가 난자에 접근하지 못하게 장벽을 만드는 방법이 있습니다.

배란이 일어나지 않게 하는 방법은 호르몬을 이용하는 것입니다. 뇌하수체에서는 난자의 성숙이 일어나게 하는 호르몬이 분비되는데, 에스트로젠이나 프로게스테론은 이 호르몬의 분비를 억제하지요. 난자가 성숙하지 못하면 그에 따라 배란도 일어나지 않는답니다. 그러나 이 방법은 호르몬제를 이용하여 여성의 생식 주기에 변화를 주기 때문에 두통이나 체중 변화, 혈액 순환 장애 같은 부작용이 나타날 수 있으므로 주의가 필요합니다.

그리고 기구를 이용하여 정자가 난자에 다가가지 못하게 장벽을 만드는 방법이 있습니다. 남성이 사용하는 콘돔은 음경을 감싸도록 자루 모양으로 만들어진 피임 기구예요. 성교 후 정액은 콘돔 안에 배출되기 때문에 임신을 막을 수 있지요. 콘돔은 편리하게 이

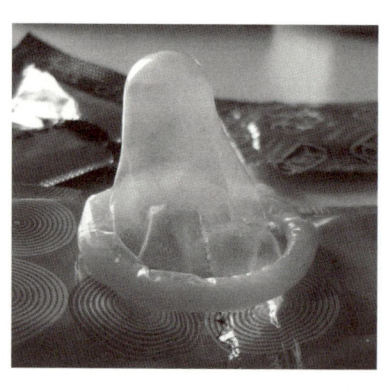

콘돔

용할 수 있다는 점에서 좋은 피임 기구이며, 최근에는 성교를 통한 후천 면역 결핍증(AIDS, Acquired Immune Deficiency Syndrome)의 확산을 막을 수 있는 기구로도 각광받고 있습니다. 하지만 콘돔은 재질이 매우 얇아 찢어질 염려가 있기 때문에 100% 임신을 막을 수 있다고 볼 수는 없습니다.

정자의 진행을 막기 위해 여성의 자궁 바로 앞에 부드러운 캡을 장치하는 방법이 있습니다. 정자가 자궁 안으로 들어가는 것을 막는 장치이지요. 캡 부위에 정자를 죽이는 살정제를 발라서 이용합니다.

인위적인 방법으로 정자나 난자가 나오는 길을 아예 잘라 버리는 방법도 있답니다. 남자의 정자가 나오는 관을 잘라 정자가 나오지 않게 하는 방법을 수정관 수술이라고 합니다. 수정관 수술은 부정소 가까이에 있는 수정관을 자른 다음 양쪽을 묶어 주는 방법이에요. 이 방법은 다른 장치가 필요 없기 때문에 피임 방법 중 가장 편리하지요. 그러나 한번 수술하고 나면 복원 수술을 하기 전에는 아기를 가질 수 없다는 게 단점이라고 할 수 있습니다.

__ 수정관 수술을 하면 정자가 안 만들어지나요?

정자가 만들어지는 것은 수정관 수술과는 관계가 없습니

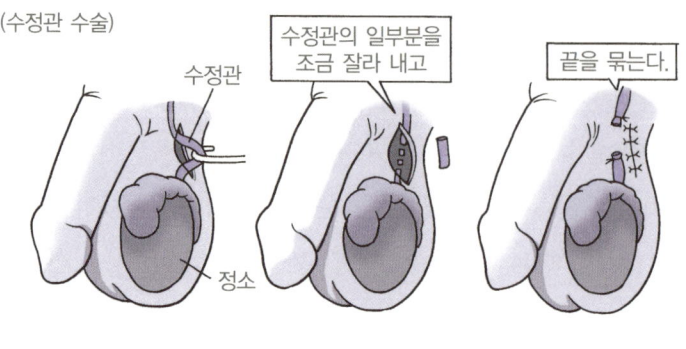

(수정관 수술)

수정관

수정관의 일부분을 조금 잘라 내고

끝을 묶는다.

정소

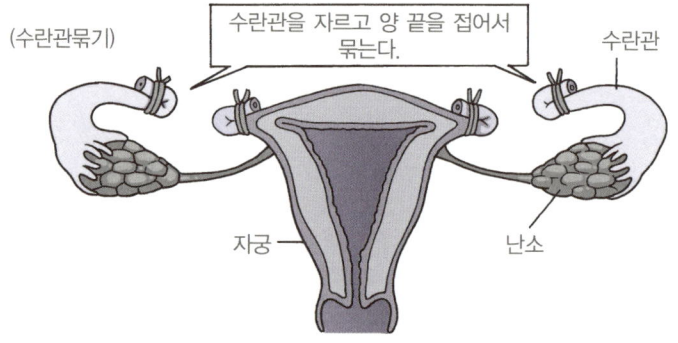

(수란관묶기)

수란관을 자르고 양 끝을 접어서 묶는다.

수란관

자궁

난소

수술을 통한 피임 방법

다. 단지 정자가 밖으로 나오지 못할 뿐이지요.

＿ 그럼 정자들이 몸 안에 흡수되겠군요.

네. 지난 시간에 한 이야기를 잘 기억하고 있군요. 그리고 정액에서 정자가 차지하는 부분이 많지 않기 때문에 정액은 정상적으로 나옵니다.

여성의 경우 수란관을 잘라 묶는 방법이 있답니다. 이 방법은 정자가 난자에게 갈 수 없게 할 뿐만 아니라 난자가 자궁까지 올 수도 없게 하기 때문에 확실한 피임 방법이라 할 수 있지요.

시험관 아기

여러분, 시험관 아기에 대해 들어 보았나요?

__ 네, 임신이 잘 안 되는 사람들이 시도하는 방법이라고 들었어요.

__ 그런데 선생님, 시험관에서 어떻게 아기가 자랄 수 있어요? 시험관은 너무 작은데…….

하하하. 여러분이 그러한 오해를 하고 있을 줄 알았습니다. 시험관 아기는 시험관에서 정자와 난자를 수정시킨 다음 배아를 여성의 자궁에 이식하여 임신되도록 하는 인공적인 방법입니다. 시험관 아기 시술은 배란되기 전의 난자를 체외로 채취하여 시험관 내에서 수정시키고, 수정된 배아를 다시 자궁 내막에 이식하는 방법이지요.

최초의 시험관 아기는 1978년 영국에서 태어났습니다. 이제는 성인이 되었겠군요. 이때도 많은 사람이 여러분처럼 시

험관 아기가 시험관에서 자라난 아기라고 잘못 생각하기도 했답니다. 그리고 시험관 안에서 수정을 시키는 것이 윤리적으로 적합한가에 대한 토론도 있었지요.

그러나 현재 시험관 아기는 수란관이 좁거나 아예 막혀서 아기를 가질 수 없는 부부들의 유일한 희망이 되었답니다. 한국에서는 1985년 서울 대학교 병원의 장윤석 교수 팀이 최초의 시험관 아기 임신을 성공시켰고, 그해 제왕절개 분만으로 한국 최초의 시험관 아기 쌍둥이가 태어났지요.

처음에는 자연적으로 배란되는 1개의 난자만을 채취하여

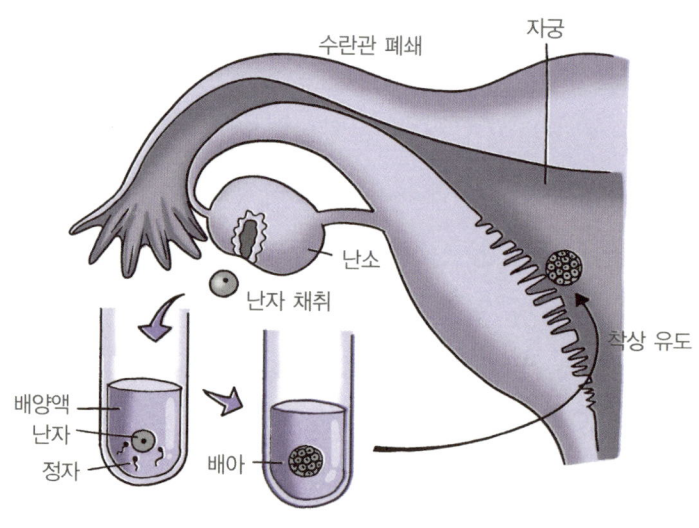

시험관 아기 시술

수정시켰으나, 근래에는 임신 성공률을 높이기 위해 배란을 촉진하는 호르몬을 주사하여 여러 개의 난자가 동시에 배란되도록 합니다. 수정란을 여러 개 만들어 자궁 내막에 이식하면 성공률이 더 높아질 테니까요. 그래서 시험관 아기의 경우 쌍둥이가 태어날 확률도 높지요.

＿ 아기가 없어서 시험관 아기 시술을 했다가 쌍둥이를 얻게 되면 기쁨도 두 배가 될 것 같아요!

그렇겠군요. 그런데 시험관 아기 시술은 불임 부부에게 기쁨을 가져다주는 방법이기는 하지만 성공률은 20% 미만으로 낮은 편이랍니다. 한 번의 시도로 성공하는 사례가 극히 적을 뿐만 아니라, 몇 년에 걸쳐 여러 차례 시도해도 성공하지 못하는 경우도 많지요. 여성 입장에서는 준비 과정에서 많은 고통도 따른답니다.

＿ 결혼만 하면 임신은 쉽게 되는 것이라고 생각했는데, 이렇게 어려운 과정들이 숨어 있는지 몰랐어요.

그렇지요. 여러분이 스스로 깨달음을 얻어서 나도 무척 보람되군요. 하지만 아직 탄생의 신비에 감탄하기에는 이릅니다. 다음 시간에는 자궁에 자리 잡은 배아가 엄마의 뱃속에서 자라고 태어나기까지의 숭고한 과정에 대해 알아보겠습니다.

자, 이제 정자와 난자가 어떻게 생겨나는지를 알았으니 정자와 난자가 어떻게 수정되어 임신이 되는지, 정자들을 따라 여행해 볼까요?

네, 좋아요!

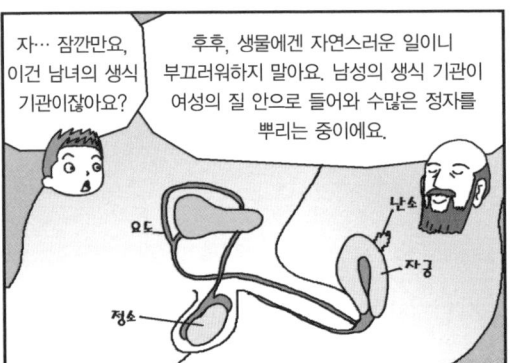

자… 잠깐만요, 이건 남녀의 생식 기관이잖아요?

후후, 생물에겐 자연스러운 일이니 부끄러워하지 말아요. 남성의 생식 기관이 여성의 질 안으로 들어와 수많은 정자를 뿌리는 중이에요.

요도

정소

난소

자궁

저렇게만 되면 임신이 되는 건가요?

아니요. 난소에서 난자가 배출되는 배란 과정이 있어야 해요. 정자처럼 성행위가 있을 때마다 나오는 것이 아니라, 월경이 일어난 날로부터 14일째가 되는 날 배란이 되죠.

흥, 나는 너희처럼 아무 때나 나오지 않는다고!

와~, 저 정자들 좀 보세요. 엄청 빨리 헤엄쳐요.

난자는 운동을 못 하기 때문에 나팔관 입구까지 정자들이 이동하는 거예요. 게다가 단 한 개의 정자만이 수정을 하니까 경쟁도 엄청 치열하죠.

영차, 영차!

아이고~, 빨리 가야 할 텐데.

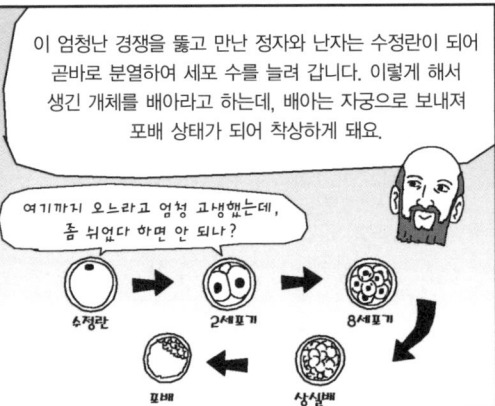

이 엄청난 경쟁을 뚫고 만난 정자와 난자는 수정란이 되어 곧바로 분열하여 세포 수를 늘려 갑니다. 이렇게 해서 생긴 개체를 배아라고 하는데, 배아는 자궁으로 보내져 포배 상태가 되어 착상하게 돼요.

여기까지 오느라고 엄청 고생했는데, 좀 쉬었다 하면 안 되나?

수정란 → 2세포기 → 8세포기 → 상실배 → 포배

그럼 시험관 아기는 시험관에서 저런 일들을 겪는 건가요?

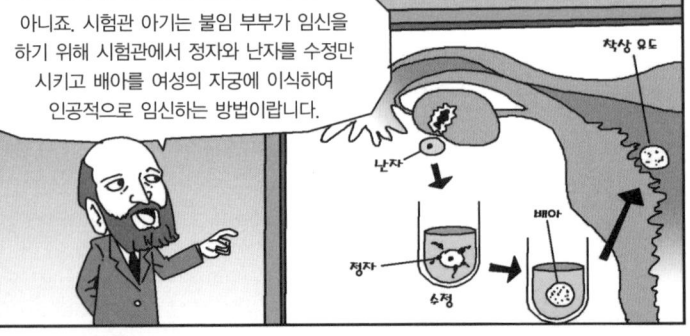

아니죠. 시험관 아기는 불임 부부가 임신을 하기 위해 시험관에서 정자와 난자를 수정만 시키고 배아를 여성의 자궁에 이식하여 인공적으로 임신하는 방법이랍니다.

착상 요도

난자

배아

정자

수정

착상에서 출생까지

배아는 자궁에 어떻게 자리를 잡을까요?
배아는 어떻게 자라고, 태아는 어떤 과정을 거쳐서 태어날까요?

6

여섯 번째 수업

착상에서 출생까지

헤르트비히가 예쁜 아기의 사진을
보여 주며 여섯 번째 수업을 시작했다.

얼마 전에 나의 한국인 친구가 예쁜 딸을 낳았답니다. 결혼
한 지 7년 만에 정말 어렵게 얻은 딸이지요. 나도 아기를 보
러 병원에 다녀왔어요. 아기의 웃는 얼굴을 보며 탄생의 신
비에 다시 한 번 감동했습니다.

눈에 보이지도 않을 만큼 작은 수정란이 분열하여 하나의
생명을 탄생시킨다는 것은 분명 기적 같은 일입니다. 수정란
이 분열하여 세포 수를 늘려 갈 때 모든 기관이 정확하게 생
겨나야 완전한 하나의 개체가 되는 것이니까요.

이번 시간에는 배아가 자궁에 어떻게 자리 잡는지, 자궁에

자리 잡은 배아가 어떻게 자라고 어떻게 태어나는지에 대해
이야기하려고 해요. 우리 친구들도 엄마의 자궁 안에서 모두
거쳐 온 과정이지요.

착상

수정란이 포배 상태가 되면 자궁에 자리 잡기 위해 자궁 내
막에 달라붙습니다. 지난 시간에 잠깐 이야기했는데, 이러한
과정을 무엇이라고 하는지 기억하나요?
___ 착상이라고 해요.
잘 기억하고 있군요. 착상이란 포배 상태의 배아가 자궁 내
막에 달라붙는 순간을 말하지요. 배아는 착상과 동시에 그동

안의 불안정했던 여행에 종지부를 찍고 엄마와 하나가 된답니다. 이제 배아는 엄마의 자궁에 뿌리를 내리면서 엄마로부터 영양분과 산소를 받아들이게 되지요.

　＿ 배아가 어떻게 자궁 내막에 뿌리를 내리나요? 식물처럼 뿌리가 나나요?

　좋은 질문이에요. 자궁에 달라붙은 배아는 세포 분열을 하여 엄마의 세포 사이로 자신의 세포를 뻗어 나갑니다. 이 세포들이 엄마의 모세 혈관으로 오는 산소와 영양소를 받아들이는 것이지요. 그 모습이 마치 나무의 뿌리가 흙 속으로 뻗어 내려가는 것과 비슷합니다. 자궁 내막은 배아를 받아들이

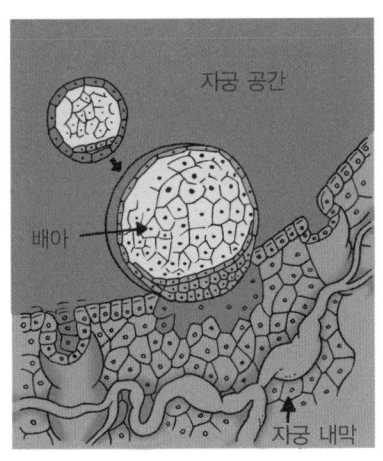
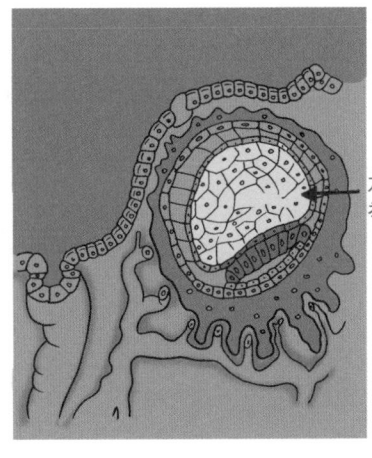

착상

기 좋도록 모세 혈관이 아주 풍부하고 조직이 연하답니다.

앞의 그림에서 둥그런 배아의 안쪽에 있는 세포들이 장차 아기의 몸이 될 세포들입니다. 이 세포들이 분열하여 여러 기관으로 발달하는 것이지요.

사람의 임신 기간은 수정이 된 날로부터 약 266일입니다. 이 기간을 음력으로 따지면 약 10개월이 되지요. 그래서 한국에서는 아기가 열 달 동안 엄마 뱃속에 있다가 나온다고 말합니다. 엄마의 자궁에 자리 잡은 배아는 그 자리에서 약 260일간 자라게 됩니다. 수정 후 배아가 자궁벽에 착상하기까지

1주일 정도 걸리니까요.

　__ 선생님, 그런데 동물마다 임신 기간이 다르지요? 저희 집에서 키우는 개가 어제 두 달 만에 새끼를 낳았거든요.

　애완견의 임신 기간을 잘 관찰했군요. 임신 기간은 동물마다 차이가 있습니다. 쥐는 약 21일, 개는 60일, 소는 사람과 비슷한 270일, 코끼리는 무려 600일 만에 새끼를 낳는답니다.

배아로부터 얻는 줄기세포

　여러분, 줄기세포라는 말을 들어 보았지요?

　__ 들어 보긴 했는데 정확히 무엇인지는 잘 모르겠어요.

　그렇군요. 내가 설명할 테니 오늘부터 정확히 알아 두세요. 수정한 지 14일이 안 된 배아기의 세포를 '배아 줄기세포'라고 해요. 장차 인체를 이루는 모든 세포와 조직으로 분화할 수 있기 때문에 '전능 세포' 혹은 '만능 세포'라고도 합니다.

　과학자들은 배아 줄기세포를 뇌 질환에서 당뇨병, 심장병에 이르기까지 많은 질병을 치료하는 데 이용할 수 있을 것으로 기대하고 있답니다. 아직 실용화되지는 못했고 기대 수준이지요.

　저희 엄마가 당뇨병을 앓고 계신데, 줄기세포를 이용해서 하루빨리 좋은 치료 방법이 나왔으면 좋겠어요.

　그래요. 모두 같은 마음일 거예요.

　그런데 줄기세포가 여러 가지 질병을 어떻게 치료할 수 있나요?

　줄기세포를 연구하는 과학자들은, 인슐린 생산 세포를 만들어 당뇨병을 치료하고, 척추 부상으로 신경이 마비된 환자의 기능을 회복시킬 수 있는 신경 세포를 길러 내는 것이 가능하다고 믿고 있습니다.

　하지만 배아 줄기세포를 얻기 위해서는 배아를 손상시켜야만 하는 어려움이 있어요. 하나의 배아를 생명체라고 볼 수 있다면, 배아 줄기세포를 이용하는 것은 한 생명을 죽이는 일이 되는 것이지요. 그래서 요즘에는 생식 능력이 있는 동물로부터 얻은 줄기세포를 이용하거나 보통의 세포를 이용해 거꾸로 배아 세포를 만들어서 이용하려는 움직임이 있지요.

발생의 원리

　배아가 자라서 아기가 되기까지는 아주 정교한 조절 과정을 거쳐야 한답니다. 그래야만 각 기관이 완성될 수 있기 때문이지요.

__ 어떻게 하나의 세포가 분열해서 이렇게 다양하고 복잡한 기관을 만들어 가는지 설명해 주세요.

안 그래도 그 설명을 하려던 참이었습니다. 배아가 아기로 자라는 과정을 발생이라고 합니다. 그리고 발생 과정에서 다양한 기관이 만들어져 나가는 것을 분화라고 하지요. 발생과 분화는 아주 정확히 조절되지 않으면 안 됩니다. 분화에는 중요한 두 가지 원리가 있습니다.

첫 번째 원리는 세포가 분열할 때 세포질이 다르게 분포된다는 것입니다. 세포질에는 유전자의 활동에 영향을 주는 물질이 있는데 이러한 물질이 서로 다르게 배분된다는 것이지요. 다음 그림을 보면서 설명할게요. 세포질에 물질 A, B가 각각 다른 부분에 있습니다. 물질 A, B는 핵 안에 있는 유전

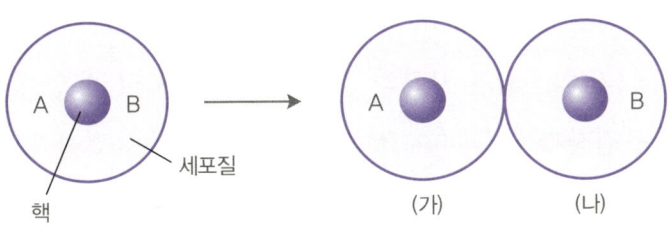

분화의 원리

자의 활동에 서로 다른 영향을 줍니다. 세포가 분열했을 때 물질 A, B는 각기 다른 세포로 들어갑니다. 이에 따라 각 세포의 유전자가 하는 일이 달라집니다.

그런데 세포 안에는 A, B뿐만 아니라 훨씬 다양한 물질이 있을 겁니다. 그러한 물질이 세포가 분열함에 따라 균등하지 않게 분포하게 됩니다. 이렇게 세포질에 있는 물질이 세포가 분열함에 따라 세포마다 다르게 분포함으로써 각 세포의 유전자의 활동이 달라지고, 결과적으로 다른 기관들로 분화돼 가는 것입니다.

__ 선생님, 유전자 활동이 달라진다는 게 무슨 뜻인가요?

앞의 그림을 보면 세포 (가)와 (나)가 있지요? 세포 (가)와 (나)의 핵 안에 있는 유전자는 같답니다. 왜 그럴까요?

__ 세포가 분열할 때 DNA가 복제되기 때문이에요.

그래요. 이렇게 우리 몸의 세포는 분열할 때마다 DNA를 복제하기 때문에 모두 같은 DNA, 즉 같은 유전자를 가지고 있게 되지요.

세포 (가)와 (나)가 사람의 것이라면 각 세포의 핵 안에 3만 개의 유전자가 있을 거예요. 하지만 3만 개의 유전자가 모두 활동하는 것은 아니랍니다. 특정한 유전자만 활동하고 다른 유전자는 잠을 잔다고 생각하면 됩니다. 예를 들어 눈을 만든다고 하면 눈을 만드는 데 필요한 유전자만 활동을 하고, 귀를 만든다고 하면 귀를 만드는 유전자만 활동하는 것이지요. 그러므로 물질 A와 B는 서로 다른 유전자의 활동에 영향을 준다고 할 수 있습니다. A, B는 서로 다른 유전자의 잠을 깨우는 것입니다.

두 번째 원리는 세포 간에 서로 영향을 준다는 것입니다. 이 원리에 대한 좋은 예가 눈이 형성되는 과정입니다. 양서류의 발생 과정을 예를 들어 설명할게요.

양서류의 발생 초기에는 그림과 같이 신경배라고 하는 기다란 형태의 배아가 나타납니다. 등 부분에 장차 뇌와 신경이 될 부분이 길게 자리 잡고 있지요. 여기 안포라는 부분이 있어요. 이 부분이 겉 부분의 표피 조직에 영향을 주어서 눈의 수정체가 되게 하지요.

__ 어떤 방법으로 영향을 주나요?

한 세포가 기관을 형성하는 데 영향을 줄 수 있는 방법은 신호 물질을 분비하는 거랍니다. 눈의 발생에서 보면, 안포의 세포가 어떤 물질을 분비하여 표피 세포에 영향을 주지요. 비닐 같은 것으로 안포와 표피 조직 사이를 막아 놓으면 수정체가 생겨나지 않습니다.

안포를 다른 부분에 이식하면 그 부분에서 수정체가 생겨

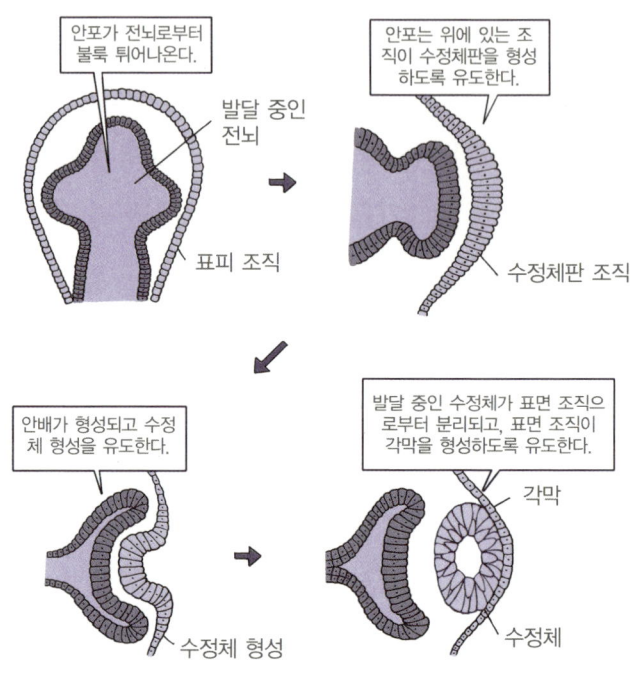

양서류의 발생 과정

납니다. 이러한 현상은 다른 기관을 만들 때도 나타나지요. 즉, 한 세포 집단이 이웃하는 다른 세포 집단에 영향을 주어 기관이 분화되어 생겨난다고 할 수 있지요. 이러한 현상을 발생학에서는 유도 작용이라고 합니다.

기관이 분화해 가는 데는 위의 두 가지 원리 외에도 세포가 죽는 방법이 있지요.

__ 세포가 죽어서 분화한다고요?

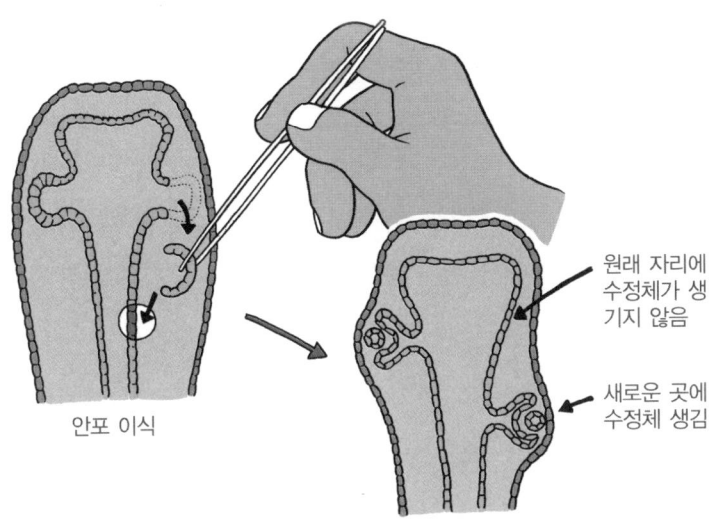

안포 이식

원래 자리에
수정체가 생
기지 않음

새로운 곳에
수정체 생김

안포 이식 실험

　예를 들어 손가락이 생기는 과정을 설명해 볼게요. 손가락
이 생기기 전에 마치 찰흙을 뭉쳐 놓은 듯한 둥그스름한 돌기
가 생겨 나옵니다. 그 돌기가 손가락 모양이 되도록 사이사
이의 세포가 죽어서 손가락이 만들어집니다. 그러니까 이미
있던 세포를 죽여서 어떤 모양을 만들어 내는 것이지요.

3분기로 나누는 임신 기간

　배아가 자라는 과정은 편의상 3개월씩 크게 세 분기로 나눕니다. 한 계절을 3개월로 치니까 아기는 세 계절 동안 엄마 뱃속에 있다가 태어나는 셈이지요. 여러분 생일이 봄이라면 지난 여름에 임신되었다고 볼 수 있습니다.

　임신 제1 분기의 초기 2~4주 동안 배아는 자궁 내막에서 직접 산소와 영양소를 얻습니다. 배아의 세포가 자궁 내막 안으로 뿌리를 뻗어 자궁 내막의 모세 혈관에서 나오는 영양

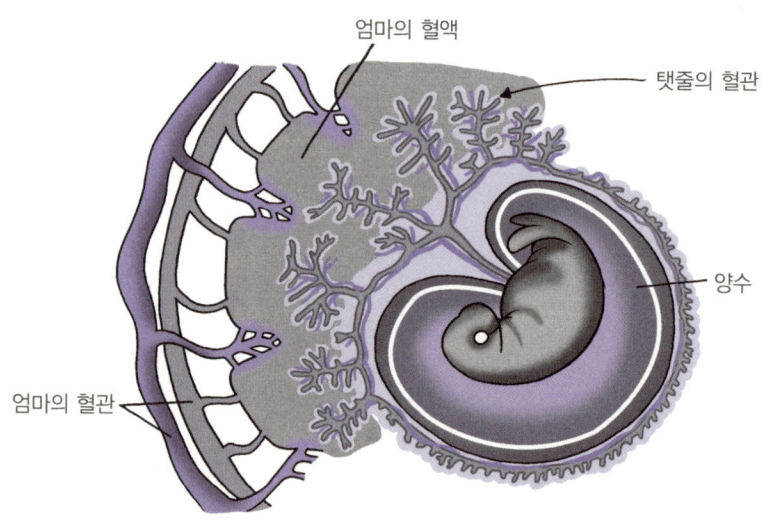

산소와 영양분의 이동

소와 산소를 얻는 것이지요.

그리고 곧 태반이 생겨납니다. 태반은 엄마의 혈액에 아기로부터 나온 혈관이 잠겨 있는 상태로 영양소와 산소를 얻는 장치이지요. 그림을 보세요. 엄마의 동맥에서 나온 혈액이 태반으로 들어갔다가 정맥으로 돌아가는 걸 알 수 있습니다. 엄마의 혈액 속에 있던 영양소와 산소가 아기의 혈관으로 들어가는 것이지요.

탯줄은 아기와 태반을 연결하는 혈관이 있는 줄 같은 장치인데요, 아기의 배꼽과 연결되어 있습니다. 즉, 우리 배에 있는 배꼽은 바로 탯줄이 붙어 있던 자리이지요. 아기가 태어나면 탯줄이 떨어져 나가게 되는데, 탯줄이 붙어 있던 자리가 배꼽으로 흔적을 남기는 것입니다.

임신 제1 분기는 신체 기관의 기본 틀을 만드는 기간입니다. 그래서 이 기간을 '기관 형성기'라고 해요. 8주째가 되면 신체 기관의 기본 틀이 만들어지기 때문에 배아라고 하지 않고 태아라고 합니다. 심장은 4주째부터 박동하기 시작하고, 8주가 넘어가면 심장 박동을 외부에서 감지할 수 있습니다.

5주 정도 되면 아기는 1cm 정도 자라고, 팔다리가 될 기관이 몸에서 나오기 시작하지요. 임신 제1 분기가 끝나도 아기의 길이는 5cm 정도에 불과하답니다. 그러나 중요한 신체

기관은 거의 다 기본 구조를 갖추게 되지요. 이때 태아는 양막이라는 투명한 막에 둘러싸여 있으며 양수라는 물에 떠 있답니다.

임신 제1 분기는 신체의 기관을 만드는 기간이기에 임신 기간 중 가장 중요합니다. 엄마는 이 시기에 약물 복용에 대해 매우 조심해야 하며, 담배를 피우거나 음주를 해서는 안 됩니다. 이 시기에 태아의 어느 한 부분이 제대로 만들어지지 않는다면 기형인 아기가 태어날 확률이 아주 높습니다.

임신 3개월째인 엄마와 임신 8개월째인 엄마의 흡연은 태아에게 미치는 영향이 크게 다릅니다. 태아가 팔이 생기는 시기에 받는 담배의 영향과, 팔과 손이 다 생기고 난 다음 손톱이 생기는 시기에 받는 담배의 영향은 차이가 있지요. 팔이 제대로 생기지 않는다면 손은 물론 손가락도 손톱도 생기지 않겠지요.

그런데 문제는, 임신 초기에는 엄마가 임신한 사실을 모르는 경우가 있다는 것입니다. 그러므로 아기를 임신할 여건이 되는 여성은 월경이 정상적으로 일어나는지, 기타 신체에 어떤 변화는 없는지 등을 조심스럽게 살필 필요가 있습니다.

임신 제1 분기 동안에 엄마는 이유 없이 메스꺼움을 느끼고 입덧을 하는 경우가 많습니다. 평상시에는 아무렇지 않던

음식의 냄새를 맡기 어려워질 뿐 아니라 구역질이 나게 되지요. 이렇게 입덧을 하는 이유는, 임신에 관련된 호르몬 분비가 급증하게 되고 엄마의 몸도 급격한 변화를 겪게 되기 때문입니다.

임신 제1 분기에는 양수에 떠 있는 세포를 채취하거나 태아로부터 생기는 융모막(태아와 양수를 싸고 있는, 가장 바깥을 이루는 막) 세포를 검사하여 아기가 유전적으로 이상이 있는지를 검사하기도 합니다. 만약 양수의 세포나 융모막 세포를 채취하여 염색체 수를 헤아렸을 때 염색체 수가 46개가 아니고 45개나 47개이면 정상적인 아기가 태어날 수 없습니다. 이와 같은 염색체 수 이상으로 나타나는 대표적인 유전병에는 다운 증후군, 터너 증후군 등이 있습니다.

다운 증후군은 21번 염색체가 보통 사람보다 하나 더 많은 경우에 나타나는 유전 질환입니다. 이 증후군은 남녀 모두에게 나타날 수 있으며, 지능이 낮고 수명이 짧다는 특징이 있습니다. 터너 증후군의 경우 두 개여야 하는 성염색체가 X 염색체 하나밖에 없는 경우에 나타나는 유전 질환입니다. 염색체 구성이 44+X라서 외관상으로는 여성이지만 생식 기관이 정상적으로 발달하지 못해 아기를 가질 수 없다는 것이 특징입니다.

임신 제2 분기에는 태아가 빠르게 자라 몸무게 약 600g에 키 약 30cm가 됩니다. 이 시기에는 태아의 팔과 다리가 길어지고 근육이 생기기 시작하며 손가락과 발가락, 얼굴 등의 모습이 갖추어지기 시작하지요. 이 기간 초기에 엄마는 태아의 움직임을 느낄 수 있습니다. 그리고 이 시기의 끝 부분에 이르면 태아는 자신의 엄지손가락을 빨 수 있습니다. 태아는 여전히 양수라는 물속에서 떠다닙니다.

__ 선생님, 태아가 물속에서 어떻게 숨을 쉬나요?

태아는 물속에 있기 때문에 허파로 숨을 쉴 수가 없답니다. 그러면 어떻게 산소를 받아들이고 이산화탄소를 버릴까요?

바로 탯줄을 이용하지요. 탯줄을 통해 태반에서 산소를 받아들이고 이산화탄소를 태반으로 내보냅니다. 태아 대신 엄마가 대신 숨을 쉬어 주는 것입니다.

숨만 쉬어 주는 게 아니지요. 엄마는 태반을 통해 영양소를 태아에게 보내 줍니다. 임신 중인 엄마는 태아의 건강을 위해 영양소를 골고루 섭취합니다. 엄마가 숨도 대신 쉬어 주고, 밥도 대신 먹어 주는 것이지요.

__ 태아는 똥오줌은 안 누나요?

오줌은 눈답니다. 태아의 대장에 있는 배설물을 태변이라고 하는데, 일반적으로 임신 36주 이전에는 배출되지 않는답니다. 임신 40주가 지나면 양수가 태변으로 착색이 되는 경우가 있으며, 분만 후 아기가 태변을 먹는 경우 호흡 곤란과 같은 증상이 발생할 수 있습니다.

__ 태변을 누지 않더라도 계속 오줌을 누면 양수가 점점 더 러워지지 않을까요?

양수가 더러워지지 않도록 엄마가 계속 정화시킨답니다. 태아를 위해 항상 깨끗한 양수가 되도록 하지요.

임신 제2 분기에 태아는 외부의 소리를 들을 수 있답니다. 사람의 목소리와 일반 소리를 구분할 수 있다고 해요. 이때 엄마는 태아에게 좋은 음악을 들려주거나 자장가를 불러 주

곤 하지요. 이러한 엄마의 노력을 태교라고 해요.

이 시기에는 분명 엄마의 상태가 태아에게 전해지는 것 같습니다. 엄마가 평안한 마음을 가지고 있으면 태아도 평안함을 느끼고, 엄마가 화를 내거나 불안한 마음을 가지면 엄마의 신체 내부가 긴장 상태가 되어 태아에게 좋지 않답니다.

태아에게 엄마는 정말로 위대한 존재입니다. 엄마의 몸은 태아가 잘 자랄 수 있도록 쉬지 않고 노력하지요. 대신 숨 쉬고, 먹고, 청소해 주고……. 그러는 동안 태아는 아무 일도 하지 않습니다. 엄마의 몸이 대신 일해 주기 때문에 그저 즐겁게 떠다니기만 하면 되지요. 엄마의 수고는 이미 여러분이

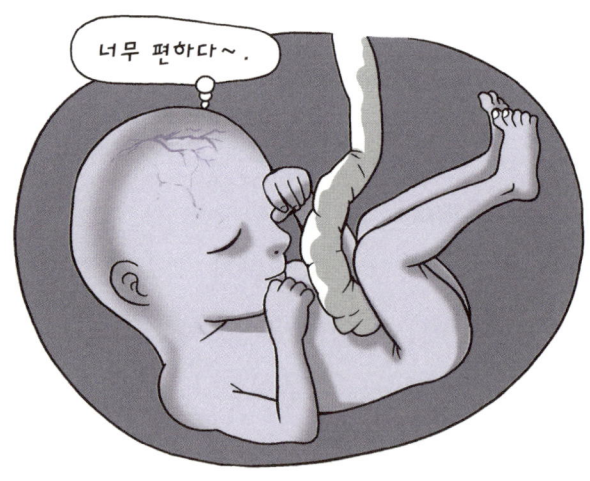

16주 된 태아

태어나기 전부터 시작됐다는 것을 알 수 있겠지요?

임신 제3 분기에 태아는 급속하게 자라 약 50cm 키에 3~4kg의 몸무게를 갖게 됩니다. 태아는 몸이 자라 자유롭게 움직이기 어려워집니다. 그래서 웅크린 자세를 하게 되지요.

엄마의 배도 크게 불러 옵니다. 태아가 자람에 따라 자궁이 확장되기 때문이지요. 그래서 엄마가 숨을 쉬기가 어려워지고 소화 불량이 생기기도 합니다. 제3 분기 막바지에는 태아의 신체 기관도 거의 완성되어서 세상으로 나갈 준비를 마치게 됩니다. 서서히 엄마의 몸과 헤어질 시간이 다가오는 것이지요.

출산

태아가 세상으로 나올 준비를 마치면 엄마의 뇌하수체에서 자궁을 수축시키는 옥시토신이라는 호르몬이 나옵니다. 이 호르몬이 자궁을 수축시킴으로써 태아가 밖으로 밀려 나옵니다. 이러한 과정을 출산 혹은 분만(해산)이라고 하지요.

출산의 첫 번째 단계는 자궁 경부라고 불리는 자궁의 입구가 서서히 열리는 것입니다. 이때 아기는 머리가 자궁 경부

바로 위에 있게 됩니다. 그러니까 아기는 머리부터 세상에 나오게 되는 것이지요.

자궁 경부가 열릴 때 엄마는 굉장한 통증을 느낀답니다. 보통 몇 시간 동안 주기적으로 통증이 오는데, 처음에는 통증의 주기가 길다가 아기가 밖으로 나올 때가 되면 그 주기가 짧아지지요. 그때 엄마는 여러분이 아직까지 경험해 보지 못한 극심한 통증을 느낀답니다.

아기가 질을 통과할 때 아기는 머리를 돌리며 밖으로 나오려고 애쓰지요. 이때 아기의 머리가 다소 수축하게 된답니

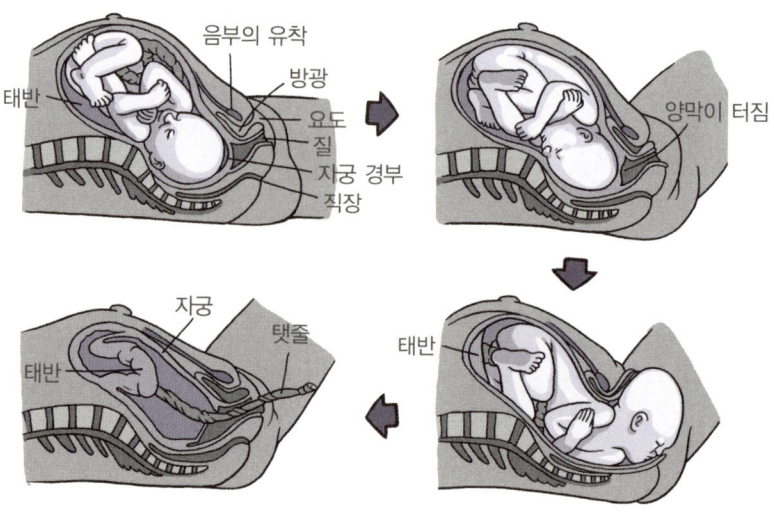

출산 과정

헤르트비히가 들려주는 성과 사랑 이야기

다. 아기의 머리가 찌그러진다고 걱정할 필요는 없어요. 태어난 후에 다시 정상으로 돌아가니까요.

아기도 세상으로 나오려고 애쓰고, 엄마도 온 힘을 다해 아기를 밖으로 밀어내기 위해 애쓰지요. 이렇듯 출산은 엄마 혼자서가 아니라 아기와 엄마가 함께 노력해서 이루어 내는 일이랍니다. 엄마에게는 엄청난 고통의 과정이지만 아기를 사랑하는 마음으로 견디어 내는 거랍니다.

__ 선생님, 출산 후에 태반은 어떻게 되나요?

태반은 아기의 뒤를 따라 밖으로 나온답니다. 아기가 태어나면 배꼽에서 조금 위의 탯줄을 잘라 주지요. 그러면 며칠 있다가 배에 붙어 있던 탯줄이 떨어져 나가고 그 자리에 배꼽이 생깁니다.

__ 아기가 태어나자마자 우는 이유는 뭐예요? 간호사 언니가 때리는 건가요?

재미있는 질문이네요. 정확한 이유는 알 수 없어요. 그러나 급격한 환경의 변화 때문이라고 생각해요. 우선 물속에만 있다가 공기 중으로 나온다는 것부터 커다란 환경의 변화이지요. 또한 아기가 갑자기 만나게 되는 공기는 엄마의 자궁처럼 따뜻하지 않지요. 여러 가지 소리도 들리고요. 아기가 놀라는 것은 당연하지 않을까요?

한편, 아기가 우는 것이 호흡 운동에 도움이 된다는 의견도 있어요. 엄마의 자궁 속에서 아기는 허파로 숨을 쉬지 않아요. 그러나 세상 밖으로 나오자마자 자기 스스로 숨을 쉬어야 하거든요. 아기가 막 우는 과정에서 자연스럽게 호흡 운동을 하게 된다고 생각하는 것이지요. 어떤 사람은 이렇게 말하기도 해요. 앞으로 험한 세상을 살아갈 것이 두려워서 우는 거라고……. 물론 과학적인 말은 아니지만 그럴듯하지 않나요?

선생님, 난자와 정자가 수정한 후 어떻게 아기가 되는지 좀 더 자세히 설명해 주세요.

그렇지 않아도 저기서 지금 배아가 착상 중이네요. 자세히 볼까요?

착상한 배아의 세포는 분열하여 엄마의 세포 사이로 뻗어 나가고, 이 세포들이 엄마의 모세 혈관으로부터 산소와 영양소를 받아들이지요.

나무처럼 뿌리를 내려서 빨리 엄마의 영양분을 먹어야겠다.

배아

자궁 내막에 착상

신기하네요. 어떻게 하나의 세포가 분열해서 복잡한 기관들이 만들어지는 걸까요?

그런 과정을 분화라고 하죠. 어떤 원리에 의해 분화가 이루어지는지 배아 세포에게 직접 들어 보죠.

일단 세포가 분열될 때 세포질이 다르게 분포되고,

그에 따라 각 세포의 유전자의 활동이 달라짐으로써 결국 다른 기관들로 분화돼 가죠.

세포질

A 예 B

A   B

자, 이젠 배아가 자라는 과정을 3분기로 나누어서 보도록 하죠. 임신 제1 분기는 배아가 자궁 내막에서 직접 산소와 영양소를 얻는 시기로 신체 기관들의 기본 틀이 만들어집니다.

저게 내 아들이라고요? 팔다리도 없잖아요!

임신 제1 분기잖아요.

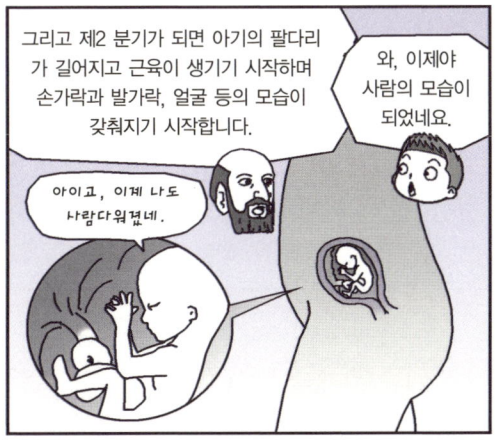

그리고 제2 분기가 되면 아기의 팔다리가 길어지고 근육이 생기기 시작하며 손가락과 발가락, 얼굴 등의 모습이 갖춰지기 시작합니다.

와, 이제야 사람의 모습이 되었네요.

아이고, 이제 나도 사람다워졌네.

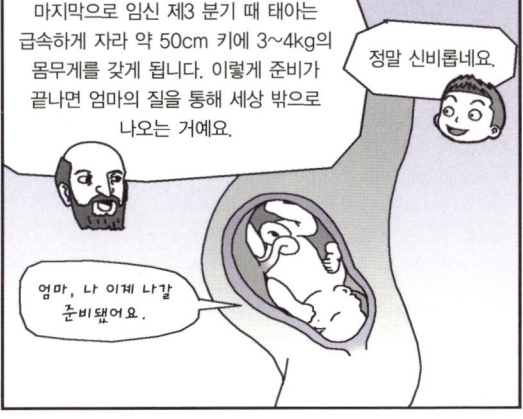

마지막으로 임신 제3 분기 때 태아는 급속하게 자라 약 50cm 키에 3~4kg의 몸무게를 갖게 됩니다. 이렇게 준비가 끝나면 엄마의 질을 통해 세상 밖으로 나오는 거예요.

정말 신비롭네요.

엄마, 나 이제 나갈 준비됐어요.

사춘기와 성

사춘기의 심리적 특성은 어떠하며, 성적 감정을 어떻게 조절할까요?
성과 관련하여 건강에 유의할 것은 무엇일까요?
사춘기의 바람직한 성 문화는 무엇일까요?

마지막 수업

사춘기와 성

헤르트비히가 바람직한 가정에 대해 이야기하며 마지막 수업을 시작했다.

　행복한 가정을 이루기란 쉽지 않답니다. 서로 사랑하는 사람을 만나야 하고, 서로 마음을 맞추어 살아가야 하며, 가족의 의식주를 해결할 만한 안정적인 수입도 있어야 하고, 태어난 자녀를 올바르게 양육할 만한 인격적 성숙과 책임감도 있어야 하지요. 주변에 행복한 가정이 많이 있다고요? 각 가정마다 행복한 가정을 이루기 위해 얼마나 많은 노력을 하는지 여러분은 미처 다 알지 못할 겁니다.

　지금까지 우리는 성에 관한 여러 가지 공부를 했습니다. 이러한 공부가 여러분이 성숙한 사람으로 자라서 행복한 가정

을 꾸리는 데 도움이 될 거라고 믿습니다.

성과 관련된 우리의 이야기가 마지막에 이르렀네요. 이번 시간에는 우리 친구들이 사춘기와 관련하여 성에 대해 가져야 할 태도에 대해서 알아보려고 해요.

질풍노도의 시기, 사춘기

질풍노도라는 말은 네 번째 수업에서 이미 그 뜻을 설명한 바 있지요. 누가 한번 그 뜻을 이야기해 볼까요?

＿ 거침없이 불어오는 바람과 성난 파도라는 의미예요.

맞습니다. 영어로는 'storm and stress'라고 해요. 질풍노도라는 말은 독일의 클링거(Friedrich von Klinger, 1752~1831)라는 소설가의 희곡 《Sturm und Drang》 (1776)의 제목에서 유래된 것입니다. 이 말은 감정의 해방, 독창, 천재 등을 부르짖는 젊은이들에 의한 일종의 반항 운동을 가리키는 말이 되었습니다. 이 운동에 참가한 유명한 작가로는 괴테, 실러, 바그너 등을 들 수 있지요. 이 시기의 대표적인 작품으로 괴테의 《젊은 베르테르의 슬픔》(1774)이 있습니다.

하지만 요즘 질풍노도라는 말은 사춘기의 특성을 나타내는 말로 더 널리 쓰이고 있습니다. 거침없이 부는 바람과 밀려오는 성난 파도! 왜 사춘기에는 질풍노도와 같은 특성이 나타날까요? 거기에는 분명 이유가 있겠지요?

청소년들이 질풍노도와 같은 시기를 보내는 이유를 생물학적인 측면에서 알아볼게요.

사람의 행동을 지배하는 것은 뇌입니다. 사람의 뇌는 이성적인 행동과 관련이 있는 부분과 감정적인 행동과 관련이 있는 부분이 있습니다.

대뇌는 말 그대로 뇌의 가장 많은 부분을 차지하고, 가장

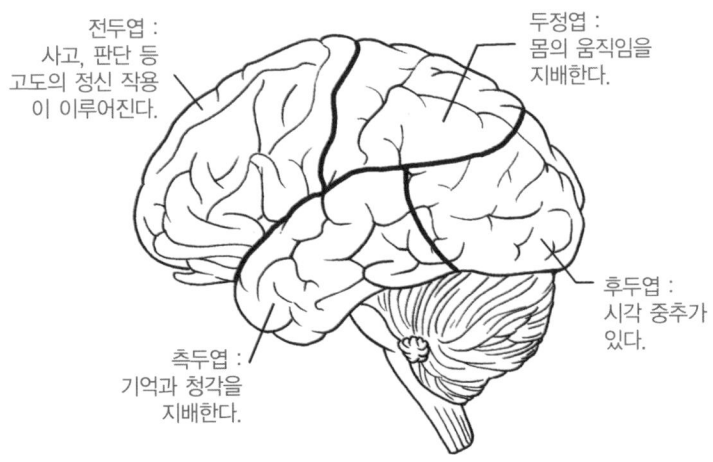

전두엽 :
사고, 판단 등 고도의 정신 작용이 이루어진다.

두정엽 :
몸의 움직임을 지배한다.

후두엽 :
시각 중추가 있다.

측두엽 :
기억과 청각을 지배한다.

대뇌의 각 부위별 기능

많은 역할을 하고 있답니다. 앞의 그림을 보면 대뇌가 뇌의 윗부분을 덮고 있는 모습을 볼 수 있습니다. 대뇌는 부위별로 기능이 분업화돼 있어요. 대뇌는 크게 네 부분으로 나누는데, 그중 앞부분을 전두엽이라고 합니다. 이 부분은 사람이 분별력 있는 행동을 하도록 명령하는 기능을 담당합니다. 감정에 휩쓸리지 않고 사리 판단을 정확하게 하여 행동하도록 하지요.

뇌는 수많은 신경 세포가 그물처럼 얽힌 상태로 연결되어 하나의 거대한 신경망을 이루고 있지요. 이러한 연락망이 잘 구축되어야 뇌 기능이 좋다고 할 수 있습니다. 예를 들어 호랑이를 보았다는 정보가 뇌에 들어오면 신경 연락망을 통해 그 정보가 뇌의 여러 부분으로 전달되지요. 그래서 호랑이가 무섭다고 느끼고, 가슴이 두근거리고, 도망가야겠다고 판단해 다리를 움직이라는 명령을 내립니다. 이렇게 우리는 위험에 대응하는 것입니다.

그런데 사춘기에는 이 전두엽이 급격히 성장함으로써 뇌의 다른 부분과의 연결이 불완전해집니다. 그래서 외부 정보가 전두엽에 잘 전달되지 않거나 전두엽의 판단이 뇌의 다른 부분에 잘 전달되지 않는 일종의 정보의 혼돈을 일으키지요. 그래서 감정을 잘 다스리기가 어려운 것입니다.

전두엽으로 정보가 잘 전달되지 않는 틈을 타서 감정과 관련이 깊은 뇌가 활발히 활동하게 되지요. 그 부분을 편도체(편도핵)라고 해요. 편도체는 대뇌의 안쪽에 자리 잡고 있는 부분으로 감정과 관련이 깊습니다. 그래서 사춘기에는 이성적인 판단이 부족하고, 즉흥적·감정적으로 행동하는 경우가 생기는 것이지요. 생각하는 즉시 행동하는 경우도 많고요.

또 다른 생물학적 이유는 호르몬 분비의 급격한 변화라고 할 수 있습니다. 성장 호르몬도 많이 분비되고, 도파민의 분비가 급증한다고 알려져 있어요. 도파민은 원래 기분을 좋게 하는 뇌 호르몬이지요. 그러나 너무 많이 분비되면 난폭해지고 행동을 자제하기가 어려워진답니다. 그리고 점점 더 자극

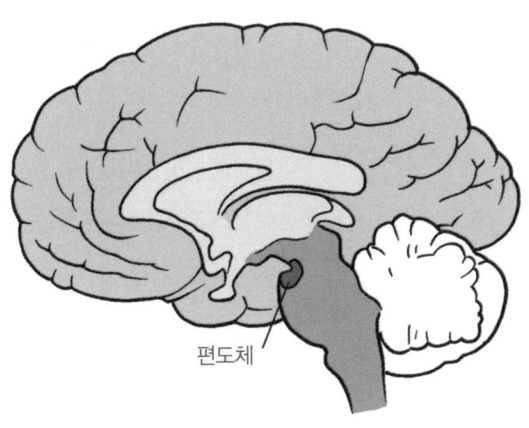

편도체

편도체의 위치

적인 행동을 통해 쾌감을 얻으려 하지요. 청소년들이 오토바이를 타고 거리를 질주한다든가, 인라인스케이트를 타고 곡예를 부리듯이 장애물을 뛰어넘는 모험을 즐기는 것도 도파민 분비가 많아지기 때문이랍니다.

또한 사춘기에는 성호르몬의 분비도 증가합니다. 그 결과 이성에 대한 호기심이 증가하고, 스스로 제어하기 힘들 정도로 성욕이 증가해 때때로 공격적인 성향을 띠기도 합니다. 신체적으로도 많은 변화가 일어나는 것은 두말할 것도 없지요.

한편, 멜라토닌이라는 호르몬의 분비에도 변화가 일어납니다. 멜라토닌은 잠을 자게 하는 호르몬입니다. 밤이 되면 이 호르몬이 분비되어 잠들게 되는데, 사춘기에는 이 호르몬의 분비가 2시간 정도 늦게 일어납니다. 그래서 사춘기 청소년들은 잠을 늦게 자는 경우가 많습니다. 아침에 학교에 가야 하는 시간은 정해져 있는데 잠을 늦게 자니, 자연 수면이 부족하여 낮에 비몽사몽 졸게 되지요. 수업 시간에 자는 청소년이 많은 것도 이러한 이유에서입니다.

하지만 청소년기는 성장이 빠르고 활동이 왕성한 시기인 만큼 잠을 충분히 자야 합니다. 그런데 늦게 자고 일찍 일어나는 일상이 반복되면 잠이 부족해져서, 그렇지 않아도 예민해진 성격에 짜증도 자주 내고 매사 의욕도 잃게 되지요.

이렇게 사춘기는 정신적으로나 육체적으로나 급격한 변화가 일어나는 시기랍니다. 아기가 태어나서 자라다가 어른이 되기 위해 다시 한 번 용트림을 하는 시기인 것입니다. 그래서 질풍노도와 같은 특성을 드러내는 것이고요.

사춘기가 질풍노도와 같은 시기라 하여 정말로 질풍노도처럼 행동해도 된다는 것은 아닙니다. 사람은 나이를 불문하고 자기의 행동에 책임을 져야 합니다. 사춘기라 하여 자기가 하고 싶은 대로 행동한다면 가족과 자기 자신 모두가 불행해질 수 있습니다.

과학자의 비밀노트

뇌에서 분비되는 신경 호르몬

사람의 뇌에서는 멜라토닌, 도파민, 세로토닌, 엔도르핀, 아드레날린 등 여러 가지 호르몬이 나온다. 이러한 호르몬은 사람의 행동에 많은 영향을 미친다. 각 호르몬의 작용을 간단히 설명하면 다음과 같다.

멜라토닌: 잠이 오게 하는 호르몬이다.

도파민: 기분이 좋아지게 하는 호르몬으로, 너무 많이 분비되면 광기 어린 행동이 나타난다.

세로토닌: 마음의 평화를 주는 호르몬으로, 우울증을 치료하는 데 이용된다.

엔도르핀: 고통을 잊게 하는 호르몬으로, 운동할 때 기분을 좋게 한다.

아드레날린: 긴장할 때 나오며, 적과 싸울 준비를 하게 한다.

질풍노도 속에 숨어 있는 성욕

질풍노도 같은 사춘기의 특성 속에는 폭발적인 성욕이 숨어 있습니다. 성호르몬의 분비가 20여 배 이상 증가함으로써 이성에 대한 관심 역시 폭증하지요. 따라서 사춘기에는 성욕구에 대한 고민이 많아질 수밖에 없습니다. 질풍노도의 시기에 더해지는 성욕은 어찌 보면 설상가상이라고 할 수 있습니다. 이로 인해 청소년의 생각과 행동이 더욱 불안정해지기 때문이지요.

그렇다고 사춘기 청소년의 모든 성적인 욕구를 해소시켜 줄 수는 없겠지요. 또한 가정을 꾸리기에는 여러모로 미숙하기 때문에 결혼도 할 수 없습니다. 10여 년 아니 그 이상의 세월이 지나야 결혼이 가능하다는 것을 생각해 볼 때, 청소년의 성욕으로 인한 고민은 간단히 생각할 문제가 아닌 것은 확실합니다. 특히, 남자 청소년의 경우 이 문제는 심각한 수준이지요.

남자의 경우 생식기가 외부로 나와 있기 때문에 어려서부터 여자아이보다 자주 생식기를 보고 만지며 자라게 됩니다. 이 과정에서 남자가 여자보다 일찍 생식기에 대한 감각을 터득하고, 자라서 성적 행동으로 표현하기 쉬운 것이지요. 또한 일반적으로 남성의 성욕이 여성보다 강하고 적극적이며 충동적인 것으로 알려져 있습니다.

여성의 경우 성교의 결과 임신과 출산이라는 과정을 거칠 수 있기에 성행위에 대해 조심하려는 경향이 있습니다. 그래서 여성은 일반적으로 직접적인 성행위보다는 따뜻함과 배려를 원하며, 진정으로 사랑하는 사람과 성행위를 하려는 경향이 강합니다. 다시 말하면 사랑의 표현으로 성적 행동을 한다는 것이지요.

남성의 경우 임신과 출산이라는 힘든 과정을 직접 부담하지는 않지요. 그래서 남성의 경우 여성보다 좀 더 자유롭게

성적 표현을 하는 경향이 있습니다. 사랑과 무관하게 성적 욕구를 해결하려는 성향이 있을 수 있지요.

그러므로 남학생들은 여자 친구가 자기를 좋아한다고 해서 성적 행동을 원한다고 생각하면 안 됩니다. 그리고 자신의 성적 욕구를 강제로 표현하는 일은 절대 해서는 안 됩니다. 여학생들도 남자 친구들의 이러한 특성을 이해하여 그러한 행동을 하기 쉬운 상황이나 장소를 미리 피하는 것이 현명하답니다.

성욕의 조절

사람도 생물이기 때문에 성욕은 아주 자연스러운 현상입니다. 자손을 남기려는 본능이 성욕으로 나타나는 것입니다. 그러므로 성욕은 아주 중요한 생리적 기능이라고 할 수 있답니다.

성욕이 자연스럽고 중요한 생리적 기능이긴 하지만 사춘기에 밀려오는 성욕을 조절하는 것은 쉽지 않습니다. 남이 해결해 줄 수 있는 것이 아니라 스스로 조절할 수밖에 없는 문제이기에 더욱 그렇지요. 사춘기에 성적 충동이 일어나면 그

것으로부터 헤어 나오기가 쉽지 않습니다. 책도 손에 잡히지 않고 마음도 불안해지지요. 그렇다면 사춘기에 성욕을 조절할 방법은 없는 것일까요? 몇 가지 성욕을 조절하는 팁을 여러분에게 이야기해 줄게요.

첫째, 가능한 한 성적 충동이 일어날 수 있는 장소에 가지 않는 것이 좋습니다. 사춘기에는 흔히 홀로 있을 때 성적인 상상을 하기 쉽고 성적 충동을 느끼기 쉽습니다. 그러므로 방에서 홀로 공부하기보다는 도서관이나 교실과 같은 열려 있는 공간에 있는 것이 성적 충동을 줄여 줍니다. 그러한 장소에서는 다른 사람을 의식하게 되고, 주변으로부터 여러 정보가 뇌에 들어오므로 성적 충동이 잘 일어나지 않습니다.

둘째, 성적 자극을 피하는 것이 좋습니다. 예를 들어 컴퓨터나 비디오 등으로 음란한 사진이나 동영상을 보는 것을 피해야 합니다. 특히 남자의 경우 시각적으로 성적 자극을 잘 느끼기 때문에 음란한 사진이나 동영상을 통해 강한 성적 충동을 느낍니다. 최근 들어 컴퓨터나 각종 매체를 통해 음란물을 쉽게 접할 수 있는 환경이 되면서 청소년들에게 큰 문제가 되고 있습니다. 아직 성에 대한 이해와 정신적인 성숙이 덜 된 상태에서 자극적인 음란 동영상을 보면 마음이 흐트러질 뿐 아니라 성에 대한 잘못된 관념을 갖게 됩니다. 그러한 음

란물에서 나오는 장면은 대부분 과장된 것이기 때문이지요.

음란물을 한번 접하게 되면 자꾸 보고 싶어지고, 결국 중독되어 자기 스스로를 조절하지 못하는 경우가 발생한답니다. 그래서 어떤 친구는 음란 동영상을 보는 데 빠져 있기도 합니다. 보지 않으려 해도 자꾸 보게 되고, 스스로의 힘으로 그것을 끊지 못하게 되지요. 음란물에 빠져들면 더 강한 자극을 얻으려 하고, 실제로 음란물에서 본 대로 흉내 내고 싶은 충동이 생겨 돌이킬 수 없는 실수를 저지를 수도 있는 것입니다. 우리 친구들 중에 혹시 그런 동영상을 보는 것이 습관이 된 친구는 없겠지요? 그렇다면 그것을 볼 수 없도록 아예 자기 방에 있는 컴퓨터를 거실로 내놓는 것도 한 방법일 거예요.

셋째, 육체적으로나 정신적으로 몰입할 수 있는 활동을 하는 것도 성적 충동을 피하는 좋은 방법입니다. 여러분도 선호하는 운동이 있지요? 틈이 날 때마다 좋아하는 운동을 즐긴다면 뛰면서 땀을 내는 동안 성적 충동에서 벗어날 수 있습니다. 운동을 하면 긴장이 풀어질 뿐만 아니라 몸의 에너지를 발산할 수 있게 됩니다.

__ 그리고 몸도 건강해져요.

네, 맞습니다!

자위

자위(自慰)의 한자 뜻을 풀이하면 '스스로를 위로함'이며, 원래는 수음(手淫)이라고 해서 '손으로 하는 성욕 해결 행위'라고도 불려 왔습니다. 자위는 전통적으로 입에 올리는 것을 피해 왔지만, 근래에 들어서는 학교나 TV 등의 성교육을 통해 자연스럽게 이야기되고 있지요.

남자의 경우 엄마 뱃속에서부터 발기 연습을 하고, 걸음마도 하기 전부터 음경을 만지면서 자연스럽게 자위를 터득하게 됩니다. 이는 자위가 생리적으로 자연스러운 행위라는 것을 의미하지요. 조사에 따르면 남자의 90%, 여자의 20% 정도가 자위를 경험한다고 합니다.

조금 전에 이야기했듯이 청소년의 몸은 거의 어른과 같지만 결혼이 유보된 세대입니다. 그래서 성욕 해소의 수단으로 자위는 자연스러운 일일 뿐만 아니라 불가피한 것이지요. 또한 지나치지 않은 자위는 나중에 결혼 생활에 도움이 된다는 연구 결과도 있답니다.

요즘 청소년들은 성교육을 통해 자위가 나쁜 짓이라거나 자위를 하면 키가 크지 않는다거나 머리가 나빠진다거나 등의 자위에 대한 잘못된 지식을 갖고 있지는 않은 것 같습니

다. 하지만 성 상담 전문가들에 따르면 많은 청소년이 자위에 대해 고민하고 있다고 합니다. 여러분 중에 자위에 대해서 고민하고 있는 학생이 있나요?

＿ 사실 저는 자위를 너무 자주 하는 것 같아 고민이에요.

자위는 생리적으로 자연스러운 일이지만 절제가 필요합니다. 자위는 권장할 일은 결코 아니랍니다. 자위가 지나치면 분명 건강에 좋지 않습니다. 한창 성장해야 할 청소년기에 지나친 자위는 몸과 마음을 상하게 하지요. 한 성 상담 전문가의 조언을 빌리면, 자위는 일주일에 1~2회를 넘지 않는 것이 좋다고 합니다.

헤르트비히가 들려주는 성과 사랑 이야기

__ 선생님, 하지만 자위 욕구를 참기가 너무 힘들어요. 어떻게 자위를 자주 하지 않을 수 있을까요?

성적 충동을 피하는 방법과 같습니다. 성적 충동을 자극하는 환경을 피하는 것이지요.

한 가지 생각해 볼 것은, 감정이 해소되지 않으면 자위를 하기 쉽다는 것입니다. 지나치게 감정을 표현하지 않으면 마음속에 긴장이 생기고, 그 긴장을 풀기 위해 자위를 하게 되는 경우가 많기 때문이지요. 그러므로 자신의 감정이나 속마음을 털어놓을 만한 친구를 사귀는 것이 큰 도움이 됩니다. 친구와 소통하지 않고 홀로 자위에 빠져듦으로써 스스로 죄의식을 갖고 사는 친구들이 없기를 바랍니다.

성의 상품화

성의 상품화란 성을 팔아 돈을 버는 것을 말합니다. 즉, 성을 쾌락을 주는 상품으로 만드는 것이지요. 성의 상품화는 오랜 옛날부터 존재했습니다. 여러 매체에서 자주 보도되듯이 성행위를 하고 그 대가로 돈을 주고받는 성매매가 대표적이지요. 요즘에는 그 종류가 아주 다양해졌답니다. 음란 동

영상을 비롯하여, 음란 전화, 음란 채팅, 음란 게임, 음란 비디오 등이 있지요.

인터넷을 통해 접하게 되는 음란물은 바로 성을 팔아 돈을 버는 것을 목적으로 만들어진 것입니다. 그런 음란물은 성이라는 상품이 잘 팔리도록 하기 위해서 성행위를 과장하고 변태적으로 표현합니다. 그래서 그것을 보는 사람이 더 강한 성적 충동을 얻도록 유도하지요.

그런 음란물에서는 인격적인 만남과 성행위를 찾아볼 수 없습니다. 오직 쾌락을 추구할 뿐이며, 대개 여성이 쾌락의 도구로 이용됩니다. 성행위가 인격적인 만남이어야 한다는 말은 사랑하는 사람끼리 성행위가 이루어져야 한다는 뜻입니다. 서로 존중하며 아끼는 마음을 가지고 성행위가 이루어져야 한다는 것이지요.

사람이 본능에 충실한 동물이긴 하지만 다른 동물과 분명히 구별된다는 것을 여러분도 잘 알고 있을 것입니다. 동물은 번식을 위해 교미를 하고 사람도 자손을 얻기 위해 성행위를 하지만, 사람은 가치를 추구합니다. 사람의 성행위를 단순히 번식을 위한 수단으로만 삼는다면 사람의 성행위가 동물의 교미와 다를 바가 없을 것입니다. 그러나 사람은 성행위를 상대방에 대한 사랑과 존중의 표현으로 여길 줄 알지요.

성의 상품화는 성에서 사랑과 존중은 없애고 오직 쾌락만을 추구하는 것입니다. 그래서 성의 상품화는 사람을 자꾸 동물 수준으로 끌어내립니다. 그러므로 그런 음란물을 자주 접하게 되면 사람을 존중하는 마음이 점점 없어집니다. 인간에 대한 존중이 없는 폭력적이고 변태적인 성행위를 자꾸 보면 인간을 멸시하는 마음까지 생길 수 있습니다. 자신도 모르게 점점 잘못된 생각을 하게 되고, 마음이 거친 사막처럼 황폐해집니다.

요즘 여러 매체에서 성폭력에 대한 뉴스를 심심치 않게 볼 수 있는데, 그 중요한 원인 중 하나가 넘쳐 나는 음란물에 있다고 생각합니다. 많은 청소년이 포르노와 같은 음란물 외에도 전화, 게임, 채팅 등을 통해 음란한 환경에 접하기가 용이해졌지요. 그런 음란물을 자주 접하다 보면 인간을 존중하는 마음은 없어지고 오로지 성을 쾌락을 얻는 수단으로 생각하게 되는 것입니다.

그래서 성폭행과 같은 극단적인 행동을 서슴지 않는 청소년이 생기기도 합니다. 그런 행동을 하는 청소년은 대개 자기의 못된 행동에 대해 죄의식이 별로 없습니다. 피해를 당하는 여성의 고통에 대해서도 생각하지 못하지요.

__ 선생님, 성의 상품화가 남자들만의 잘못인가요?

　　그렇지 않습니다. 여학생을 포함한 여성의 경우 고의적으로 성매매에 나서기도 합니다. 성에 대한 잘못된 생각이 자신의 성을 돈을 버는 수단으로 이용하게 만드는 것입니다. 정말 슬픈 일이 아닐 수 없습니다.

　　청소년이 그런 행동을 하는 것을 청소년의 탓으로만 돌릴 수는 없습니다. 이러한 사회적 환경을 만든 어른들의 잘못이 더 크지요. 그렇다고 자신의 잘못된 행동을 정당화해서는 안 되겠지요? 내 수업을 듣고 있는 여러분 중에는 그런 어리석은 생각을 하는 사람이 없을 거라고 믿겠습니다.

　　성에 대해 유난히 민감한 사춘기 여러분은 특히 음란물에 접하지 않도록 주의할 필요가 있습니다. 한번 접한 마약을 끊기 어렵듯이, 음란물도 쾌락의 늪으로 자꾸 빠져들게 하는 힘이 있답니다.

성병

　　성병은 보통 성행위로 인해 전염되는 병을 말합니다. 성병은 주로 생식기에 고름이나 물집이 생기는 등의 증상을 보이지만 다른 부위까지 퍼져 나가는 경우도 있습니다. 그렇기 때문에 성병을 방치할 경우 건강에 큰 문제가 생길 수 있습니다.

일반적으로 성병을 일으키는 균은 30여 종이 넘는 것으로 알려졌습니다. 과거에는 대표적인 성병으로 임질과 매독을 꼽았으나 항생제인 페니실린의 사용 이후 매독은 크게 줄었고, 요즘에는 임질, 클라미디아, 헤르페스 등을 가장 흔한 성병으로 꼽습니다.

대부분의 성병은 조기에 발견하여 치료하면 완치가 가능하므로, 이상이 있다고 생각되면 즉시 병원에 가서 정확한 진단과 치료를 받아야 합니다. 그래야 자신의 건강뿐만 아니라 타인에게도 피해를 입히지 않을 수 있습니다. 하지만 임질의 경우 감염 후에도 바로 증상이 나타나지 않아 감염된 사실을 모르고 방치함으로써 다른 사람들에게 전염시키거나 더 큰 질병을 유발할 수 있습니다.

성병을 예방하는 가장 좋은 방법은 무분별하고 불건전한 성생활을 피하는 것입니다. 요즘 성에 대한 인식이 과거에 비해 개방적으로 변하면서 불건전하고 문란한 성생활을 마치 하나의 문화인 양 즐기는 사람들이 있는데, 이러한 성생활은 성병을 비롯한 많은 신체적·정신적 질환을 유발할 수 있답니다. 성병은 부부 간의 건전한 성교가 아닌 매춘과 같이 불건전한 관계를 통해 전염되기 때문입니다.

한편 성병은 아니지만 성적인 접촉을 통해 전염되는 병으로 에이즈가 있습니다. 에이즈는 생식기에 증상을 나타내는 질병은 아니지만 성교를 통해 전염되는 특징이 있습니다. 에이즈는 HIV(에이즈 바이러스)가 림프구라는 면역 세포를 공격하는 질병입니다. 에이즈에 걸리면 우리 몸의 면역력이 점점 떨어져 여러 질병에 걸리게 되고, 심하면 생명을 잃을 수도 있습니다.

성병이나 성적 접촉으로 인해 전염되는 질병을 예방하기 위해서는 콘돔을 이용하는 것이 좋습니다. 하지만 가장 바람직한 방법은 역시 불건전한 성행위를 하지 않는 것이지요.

성폭력

뉴스에서 성폭력이란 말을 자주 들어 보았을 것입니다. 성폭력이란 부정적인 성적 행동을 종합적으로 표현하는 용어입니다. 즉, 상대방이 원치 않는데 성적인 행동을 가하는 행태를 말하지요. 사람은 누구나 자신의 성을 지키고 싶어 하며 원하지 않는 성적인 행동을 강요당하는 것을 싫어하지요. 스스로 판단하여 성 행동을 결정하고 싶어 하며, 그럴 권리가 있습니다. 이것을 '성적 자기 결정권'이라고 합니다.

__ 선생님, 성폭행, 성추행, 성희롱 등 여러 가지 말이 있는데, 서로 어떻게 다른가요?

좋은 질문이에요. 뉴스를 보면 어떤 때는 성폭행이라고 하고, 어떤 때는 성추행 혹은 성희롱이라고 하지요. 내가 구분하여 설명해 줄 테니 잘 들어 보세요.

성폭행은 다른 말로 강간이라고 합니다. 자신의 성기를 강제적으로 피해자의 성기에 삽입하는 행위이지요. 가장 심한 성폭력이라고 할 수 있어요. 성폭행은 대개 주변에 다른 사람이 없을 때 일어나기 쉽습니다. 성폭행을 당하는 여성은 마음에 깊은 상처가 남게 되지요. 성폭행은 성폭력 중에서도 가장 질이 나쁩니다. 성폭행은 몸뿐만 아니라 정신적으로도 큰 피해를 줍니다. 성폭행을 당했던 어떤 사람이, "당신은 내게 너무 많은 것을 앗아 갔다. 내가 미칠 것 같은 심정이 되게 했고, 어둠을 두려워하게 만들었고, 혼자 외출할 수 없게 했고, 역겨움 때문에 성을 즐길 수 없게 했고, 단 한 번도 악몽을 꾸지 않고 잠에서 깨어날 수 없게 했다."고 했다니, 성폭행이 얼마나 무시무시한 범죄인지 알겠지요?

성폭행은 무엇보다 예방이 중요하답니다. 성폭행이 일어날 경우 피해자는 물론 가해자까지도 불행해지기 쉽습니다. 많

은 경우 성폭행은 얼굴을 아는 사람에 의해 일어난다고 해
요. 그러므로 성폭행을 예방하려면 평소 분명하게 자신의 생
각을 말하는 것이 중요하지요. 싫으면 싫다고 분명하게 말해
야 합니다. 또한 성폭행이 일어날 만한 장소나 시간을 피하
는 것도 중요합니다. 밤늦게 홀로 인적이 드문 곳을 가지 않
도록 자신의 시간 관리에 유의해야 합니다.

　성추행은 동의 없이 피해자의 성기나 몸을 만져 불쾌감을
주는 것을 말합니다. 지하철과 같이 사람이 많은 곳에서 잘
일어난다는 이야기를 여러분도 들은 적이 있을 거예요. 또한
상대방이 보는 앞에서 자신의 성기를 만지거나 보여 주는 것

도 성추행에 해당되지요.

성희롱은 지하철이나 버스 등에서 모르는 사람에 의해서 일어나기보다 학교나 직장 같은 곳에서 아는 사람에 의해 일어나기 쉽습니다. 성희롱은 성적인 말이나 행동을 하여 상대방으로 하여금 수치심과 굴욕감을 느끼게 하는 것입니다. 성희롱에는 성적인 농담, 뒤에서 껴안기, 음란물 보여 주기, 성적인 사생활 캐묻기, 외모에 대한 이야기로 성적 수치심을 주기 등 여러 종류가 있답니다. 성희롱인가 아닌가를 구분하기가 어려운 경우도 있지요. 자신은 재미있으라고 던진 성적인 농담 때문에 상대방이 불쾌함을 느꼈다면 그건 성희롱에 해당합니다. 즉, 성희롱인가 아닌가의 기준은 상대방이 어떻게 느끼느냐에 있다는 것이지요.

성희롱은 상대방을 존중하지 않는 데서 일어납니다. 직장이나 학교에서 일어나는 성희롱의 바탕에는 대부분 여성을 단순히 성적인 대상으로 여기는 심리가 깔려 있습니다. 그러므로 자신이 성희롱을 가하는 사람이 되지 않으려면 남성과 여성이 동등하다는 생각을 가져야 합니다.

성희롱은 양성이 평등하지 않은 사회일수록 더 자주 일어납니다. 남성이 우월하다는 생각을 가지고 있는 한 성희롱은 없어지지 않을 것입니다. 그러므로 자신이 어떤 생각을 가지

고 있는지 돌아볼 필요가 있답니다. 그러지 않으면 자신도 모르게 성희롱을 하는 사람이 될 수 있는 것입니다.

__ 선생님, 여자만 성희롱을 당하나요?

아닙니다. 여학교에서 학생들이 선생님을 대상으로 성적 농담을 하기도 하고, 여성이 많은 직장에서 여성들이 소수의 남성들에게 성적 수치심을 줄 수 있는 말이나 행동을 하기도 한답니다. 어느 한쪽 성만 잘못한다고 할 수는 없지요.

성폭행, 성추행, 성희롱 등의 성폭력을 예방하는 데는 개인적인 노력도 중요하지만 사회적인 노력도 중요하답니다. 아

성추행과 성희롱

까도 말했지만, 사회 구성원 모두가 양성이 평등하다는 생각을 가지고 이성을 존중하는 것이 성폭력을 예방하는 가장 좋은 방법입니다.

사랑과 책임

여러분, 사랑의 삼각형 이론이라는 말을 들어 봤나요? 스턴버그(Robert Sternberg, 1949~)라는 학자가 주장한 것인데, 그는 사랑을 이루는 세 가지 요소가 친밀감, 열정, 책임감이라고 설명했습니다. 이 셋이 균형을 이룰수록 성숙한 사랑이지요. 다음 글을 읽고 사춘기 청소년의 사랑을 한번 생각해 봅시다.

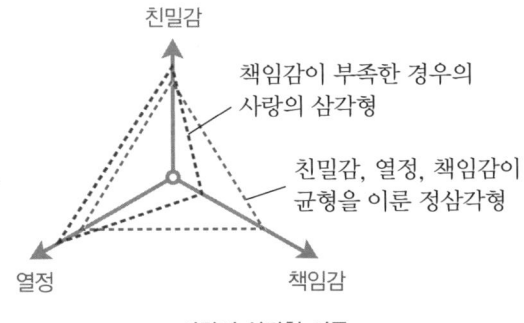

사랑의 삼각형 이론

은호는 매일 아침 같은 버스를 타는 한 여학생을 볼 때마다 가슴이 콩닥콩닥거렸어요. 은호는 그 여학생이 세상에서 가장 아름다워 보였어요. 어느 날 은호는 용기를 내어 그 여학생에게 말을 걸었어요. 그 뒤로 은호는 그 여학생과 사귀게 되었지요. 은호는 세상을 다 얻은 기분이었어요. 공부하려고 책을 펴면 그 여학생 얼굴이 먼저 떠올랐지요. 늘 둘이 같이 있고 싶었고요. 그래서 방과 후에는 도서관에 가는 대신 그 여학생과 만났어요. 같이 공원에도 가고 영화도 봤어요. 서로 손을 잡고 오래도록 걷기도 했지요. 은호와 그 여학생은 서로 사랑에 빠진 나머지 점점 공부를 멀리하게 되었고, 성적은 날이 갈수록 곤두박질쳤어요.

은호의 사랑에서는 친밀감, 열정, 책임감 가운데 무엇이 부족한가요?

__ 책임감이 없어요.

맞아요. 은호의 사랑에는 친밀감과 열정만 있고 책임감이 보이지 않지요. 자신뿐만 아니라 상대방 여학생도 공부를 멀리하게 되었으니까요.

청소년기에 이성 교제를 하지 말라고 하고 싶진 않아요. 얼마든지 아름다운 교제를 할 수 있으니까요. 이성과의 교제가 삶을 풍요롭게 할 수도 있고요. 청소년기에 겪는 사랑의 감정 그리고 이별의 감정은 한 사람의 인격적인 성숙에 많은 도움이 될 것이 분명합니다. 그러나 그 사랑에 책임감이 없다면 서로에게 불행한 일이 될 수 있습니다.

청소년기의 책임감 있는 교제란 배려와 절제를 말한답니다. 이성 친구를 늘 만나고 싶지만 서로 시간을 낭비하지 않도록 배려하고, 서로 상대방의 밝은 앞날을 위해 힘이 되어주고, 좋아하는 감정을 절제해야 하는 것입니다. 그래야 사랑의 감정도 지속될 수 있답니다. 미래를 외면한 채 지금의 사랑에만 집착한다면 그것은 자신만을 위한 이기적인 사랑일 거예요.

여러분의 부모님을 생각해 보세요. 서로 사랑하면서 얼마나 많은 책임을 지고 계신지를 말이지요. 상대방에 대한 헌신의 책임, 자녀 양육에 대한 책임 등 사랑함으로써 짊어지는 책임은 참 많답니다. 그리고 그 책임을 완수하기 위해 열심히 노력하지요.

지금까지 우리는 성과 사랑에 대해 많은 내용을 공부했습니다. 이제 이야기를 마칠 시간이 되었네요. 마지막으로 한 엄마가 사춘기 딸에게 쓴 편지를 읽어 주고 수업을 모두 마칠까 합니다.

사랑하는 내 딸에게

엊그제 네가 어떤 남학생과 집 앞 공원 벤치에 오랫동안 나란히 앉아 있는 것을 우리 동네 어떤 아주머니가 보셨다는구나. 그리고 둘 사이가 아주 다정해 보였다고 하시더라. 아마도 그 아주머니는 네가 걱정이 돼서 나한테 이야기해 준 것 같아. 그 아주머니도 네 또래의 아들을 두고 있지.

안 그래도 네가 요즈음에 거울 앞에 앉아 있는 시간이 길어진 것 같기에 혹시 사귀는 남학생이 생긴 게 아닌가 하고 생각했었단다.

돌이켜 보니 엄마도 너와 같은 중학생 때 남학생을 좋아했던 경험이 생각나는구나. 그 남학생과는 초등학생 때부터 알고 지내던 사이였지만, 언제부턴가 내가 그 친구를 특별히 좋아한다는 것을 느끼게 되었지. 그 친구 앞에만 가면 나는 행동이 어색해져서 괜히 무심한 척하곤 했었지. 그리고 오랫동안 좋아하는 감정을 숨기고 지냈단다. 지금도 그때를 생각하면 웃음이 절로 나온단다.

하지만 그때는 정말 진지했지. 그 친구에게 주려고 편지를 썼다가 버리기를 얼마나 했는지……. 결국 편지로 내 마음을 고백했지. 좋아한다고 말이야. 지금은 그 애의 소식을 알지 못하지만 그 애가 나의 첫사랑이었단다.

한 사람이 살아가며 좋은 감정을 느끼는 이성을 만난다는 것은 특별한 일이란다. 주위에 이성이 많지만 유독 한 사람에게만 특별한 감정이 생긴다는 것은 정말 놀라운 일이라고 생각해. 그런 만남은 대개 평생 잊혀지지 않고 가슴속에 남게 되지. 네가 어제 같이 있던 그 남학생에게 혹 그런 마음을 가지고 있는지 모르겠구나.

나는 네가 앞으로 진정 행복해질 수 있는 사람과 만나기를 원한단다. 그러기 위해서는 네 스스로 내면의 아름다움을 길러 가는 것이 중요하다고 생각해. 왜냐하면 사람이 결혼 상대자로 이성을 선택할 때 결국 자기 내면의 수준에 따라 선택하기 때문이지. 엄마는 네가 아름다운 내면을 가지고 있다면 그와 같은 내면을 가진 사람을 만나게 되리라고 생각한단다. 사람의 겉모습이나 조건을 무시할 수는 없지만, 행복한 결혼 생활의 여부는 마음 깊이 자리 잡고 있는 내면의 세계에 의해 좌우되는 거란다.

사랑하는 딸아,

나는 네가 사춘기 그리고 청년기를 어떻게 건너갈지 무척 궁금하단다. 분명 건너기에 쉽지 않은 시간이 될 거야. 우울함과 기쁨, 불안함과 편안함, 좌절과 희망, 미움과 사랑 등이 번갈아 가며 널 혼란스럽게 할 테지.

그리고 같은 여자로서 네가 어떤 사랑을 경험하게 될지, 어떤 남자를 만나게 될지 엄마는 무척 기대하고 있단다. 아니, 엄마는 네가 앞으로 어떤 인생을 살아갈지 하나하나가 다 궁금하단다.

그 남학생과 만나지 말라는 말은 안 할게. 하지만 네게는 네 나이

에 해야 할 중요한 일이 있다는 것을 늘 잊지 말길 바란다. 엄마에게

네 남자 친구 이야기를 해 주렴.

　　　　　　　　　　　　　- 우리 딸을 자랑스럽게 여기는 엄마가

선생님 덕분에 이제야 궁금증이 풀렸어요. 고맙습니다.

오~, 아직 안 끝났어요. 단순히 아기가 어떻게 생기는지만 알아서는 안 되죠. 철이 군도 이제 사춘기를 겪게 될 테니 성에 대해서도 잘 알아야 해요.

사춘기요?

청소년기엔 대뇌의 앞부분인 전두엽의 급격한 성장과 성호르몬의 분비로 인해 즉흥적·감정적·공격적 성향을 띠게 되고 이성에 대한 호기심도 커지는데, 이 시기를 사춘기라고 해요.

아, 구름만 봐도 여자 생각이 나네. 내가 이상해진 건가?

그래서 사춘기에 성욕이 왕성해지는 것은 당연한 일이므로 이를 조절할 수 있는 방법을 잘 터득해야 해요. 가능한 성적 충동이 일어날 수 있는 장소에 가지 말고 성적 자극을 피하며, 육체적으로나 정신적으로 몰입할 수 있는 활동을 하는 것이 좋아요.

그리고 자신의 손을 이용해서 성욕을 해결하는 행위를 '자위'라고 하는데, 자위 자체가 나쁜 것은 아니지만 지나친 자위는 몸과 마음을 상하게 할 수 있으니 주의하세요.

자위를 너무 많이 하면 좋지 않구나….

하지만 주위엔 성욕을 자극하는 것들이 너무 많잖아요?

그렇죠? 그렇게 성을 팔아 돈을 버는 것을 성의 상품화라고 하는데 이런 행위는 오직 쾌락만을 추구하는 행동이에요. 사람의 성행위는 사랑과 존중을 바탕으로 해야 한다는 것을 명심해야 해요.

성폭행

성매매

사랑과 존중

성희롱

성추행

따라서 청소년기엔 배려와 절제가 함께하는 교제를 해야겠죠?

네. 선생님 말씀을 들으니까 저도 이성 교제를 하고 싶은데 소개 좀 시켜 주실래요?

그런 건 알아서 해요! 나도 솔로라고요~.

아, 그러지 말고요, 선생님~.

정자와 난자의 결합을 밝힌 헤르트비히 Oskar Hertwig, 1849~1922

독일의 생물학자인 헤르트비히는 프리트베르크에서 출생했으며 1868년부터 동물의 해부학을 공부했습니다. 예나 대학교에서 헤켈(Ernst Haeckel, 1834~1919)의 지도를 받았고, 1875년 동 대학교 교수를 역임했으며, 1888년에는 베를린 대학교에 신설된 발생학 교실 주임으로 부임, 1921년까지 재직했습니다. 헤르트비히가 연구 활동을 하던 시기에는 동물의 수정에 관한 연구가 활발했으며, 그도 그 분야에 깊은 관심을 갖고 있었습니다.

1875년 헤르트비히는 독일의 코르시카 섬에서 성게알을 채집해 성게의 정자가 난자에 들어간 후에 어떤 일이 일어나는지 연구했습니다. 그가 성게알을 가지고 연구를 했던 이유는, 성게알이 투명하여 정자가 들어간 후 난자 안에서 일어나는 일을 관찰하기가 좋았기 때문입니다. 그는 바닷물 속에서 성게의 난자에 정액을 뿌려 정자와 난자를 결합시키는 일을 되풀이했습니다.

1876년 헤르트비히는 정자와 난자의 핵이 성게의 난자 안에서 합쳐지는 현상을 발견했습니다. 그리고 수정에서 정자와 난자의 핵이 결합하는 것이 얼마나 중요한 과정인지 알게 됐습니다. 그뿐만 아니라 두 핵이 결합한 다음 얼마 지나지 않아서 수정란이 분열되는 모습까지 발견했습니다.

정자와 난자가 결합한다는 사실을 알게 된 후에 감수 분열이 발견됐습니다. 정자와 난자가 결합한다는 사실은 감수 분열이 일어나야 하는 이유를 설명하는 데 중요한 힌트가 됐습니다. 즉, 염색체 수를 미리 반으로 줄임으로써 정자와 난자가 결합한 다음 원래와 같은 염색체 수로 된다는 사실이 밝혀진 것입니다.

이렇듯 헤르트비히는 수정의 비밀을 밝힘으로써 발생학이 발달하는 데 중요한 토대를 마련하였습니다.

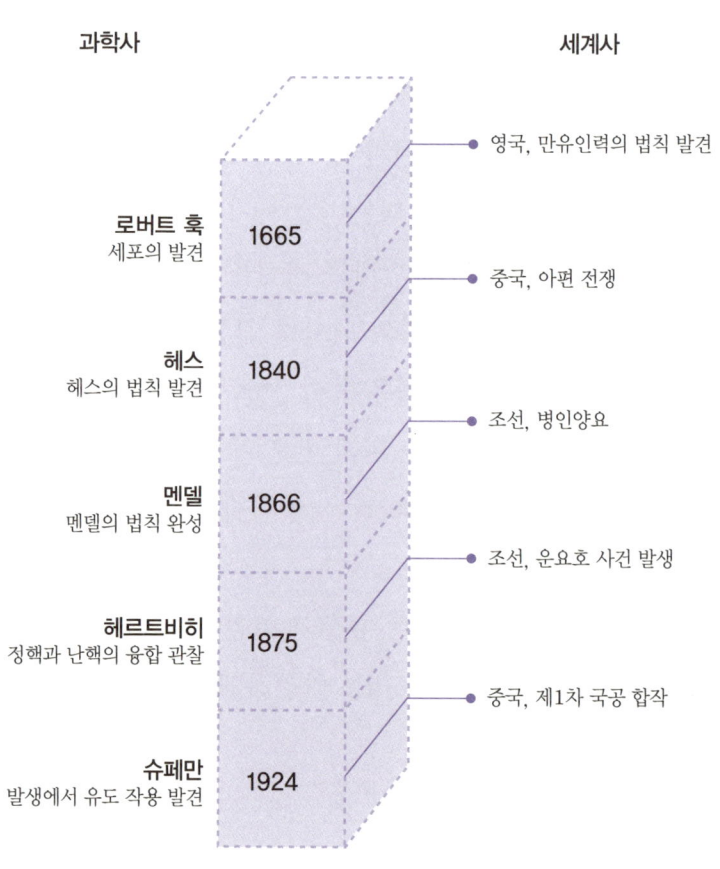

과학사		세계사
		● 영국, 만유인력의 법칙 발견
로버트 훅 세포의 발견	1665	
		● 중국, 아편 전쟁
헤스 헤스의 법칙 발견	1840	
		● 조선, 병인양요
멘델 멘델의 법칙 완성	1866	
		● 조선, 운요호 사건 발생
헤르트비히 정핵과 난핵의 융합 관찰	1875	
		● 중국, 제1차 국공 합작
슈페만 발생에서 유도 작용 발견	1924	

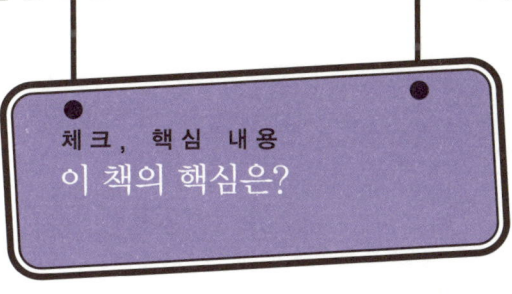

체크, 핵심 내용
이 책의 핵심은?

1. 아들이 태어나려면 난자의 X 염색체와 정자의 ☐ 염색체가 만나서 수정을 해야 합니다.

2. 남성의 생식기에는 정자를 만드는 ☐☐와 정자를 저장하는 ☐☐ ☐가 있으며, 여성의 생식기에는 난자를 만드는 ☐☐와 배아가 자라는 ☐☐이 있습니다.

3. 정자와 난자는 ☐☐ 분열이라는 특수한 세포 분열을 통해 생성됩니다.

4. 뇌의 시상 하부에서 신호 물질로 ☐☐☐☐를 자극하면 이곳에서 정소, 난소를 자극하는 호르몬이 분비되어 정소와 난소를 자극합니다.

5. 정자와 난자가 수정하는 곳은 ☐☐☐의 상단부이며, 수정란은 분열을 거듭하여 포배 상태로 ☐☐ 내막에 착상합니다.

6. ☐☐☐은 동의 없이 피해자의 성기나 몸을 만져 불쾌감을 주는 것을 말합니다.

1. Y 2. 정소, 부정소, 난소, 자궁 3. 감수 4. 뇌하수체 5. 수란관, 자궁 6. 성추행

성범죄자를 찾아내는
유전자 지문 감식 법

　사람의 몸을 구성하는 세포에는 핵이 있고, 핵 안에는 유전 정보를 담고 있는 DNA가 있어 사람마다 고유한 형질을 만들어 냅니다. DNA는 손가락의 지문과 같이 사람마다 약간씩 차이가 있습니다. 이러한 DNA에 첨단 기법을 활용하여 눈으로 식별할 수 있게 나타낸 것을 유전자 지문이라고 합니다. 유전자 지문을 이용하여 사람을 식별할 수 있는 것입니다.

　DNA는 거의 모든 세포에 들어 있기 때문에 머리카락의 모근이나 혈액, 입안의 점막 세포는 물론 정자에서도 검출됩니다. 그래서 유전자 지문은 친자 확인이나 사고로 사망한 사람이 누구인지를 밝히는 데 이용될 수 있습니다. 그리고 범인으로 의심되는 사람이 진짜 범인인지 아닌지를 알아내는 데에도 효과적으로 이용됩니다.

예를 들어 친자 확인의 경우 부모와 자식의 세포를 채취하여 유전자 지문을 비교합니다. 부모와 자식은 비슷한 유전자를 가지고 있기 때문에 거의 100% 친자를 가려낼 수 있습니다.

유전자 지문은 사고로 사망한 사람의 신원을 밝히는 데에도 크게 기여합니다. 비행기 추락 사고나 건물 붕괴 등 대형 사고로 신체가 손상되어 신원을 알 수 없을 때 세포를 채취하여 유전자 지문을 검사하면 신원을 밝혀낼 수 있습니다. 한국에서 1990년대에 삼풍 백화점이 붕괴되었을 때와, 미국에서 9·11 테러로 빌딩이 붕괴되었을 때 유전자 지문을 이용하여 많은 사망자의 신원을 밝힌 바 있습니다.

최근에는 유전자 지문이 범죄자를 가려내는 데 효과적으로 이용되고 있습니다. 용의자의 옷에 묻어 있는 혈액이 유전자 지문 조사 결과 피해자의 것과 같다면 용의자가 범인이라는 결정적인 증거가 됩니다. 혈액뿐만 아니라 범행 현장에 남긴 용의자의 머리카락이나 침도 유전자 지문 검사에 이용됩니다.

이처럼 유전자 지문 감식 법은 여러 분야에 응용되고 있으며 앞으로 더욱 다양한 분야에 이용될 것으로 전망됩니다.

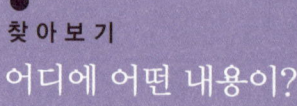

수학자가 들려주는 수학 이야기 (전 88권)

차용욱 외 지음 | (주)자음과모음

국내 최초 아이들 눈높이에 맞춘 88권짜리 이야기 수학 시리즈! 수학자라는 거인의 어깨 위에서 보다 멀리, 보다 넓게 바라보는 수학의 세계!

수학은 모든 과학의 기본 언어이면서도 수학을 마주하면 어렵다는 생각이 들고 복잡한 공식을 보면 머리까지 지끈지끈 아파온다. 사회적으로 수학의 중요성이 점점 강조되고 있는 시점이지만 수학만을 단독으로, 세부적으로 다룬 시리즈는 그동안 없었다. 그러나 사회에 적응하려면 반드시 깨우쳐야만 하는 수학을 좀 더 재미있고 부담 없이 배울 수 있도록 기획된 도서가 바로 〈수학자가 들려주는 수학 이야기〉 시리즈이다.

★ 무조건적인 공식 암기, 단순한 계산은 이제 가라! ★

- 〈수학자가 들려주는 수학이야기〉는 수학자들이 자신들의 수학 이론과, 그에 대한 역사적인 배경, 재미있는 에피소드 등을 전해 준다.
- 교실 안에서뿐만 아니라 교실 밖에서도, 배우고 체험할 수 있는 생활 속 수학을 발견할 수 있다.
- 책 속에서 위대한 수학자들을 직접 만나면서, 수학자와 수학 이론을 좀 더 가깝고 친근하게 느낄 수 있다.